Mathematik

Wahrscheinlichkeitsrechnung

GOS 12.2

SOFTFRUTTI verlag

H. Heil / W. Olmscheid:
Mathematik
Wahrscheinlichkeitsrechnung,
GOS 12.2
ISBN 978-3-937060-71-2

Bezeichnungen

$\mathbb{N}$ = Menge der natürlichen Zahlen $= \{0, 1, 2, 3, \ldots\}$ $\quad \mathbb{N}^* = \{1, 2, 3, \ldots\}$

$\mathbb{Z}$ = Menge der ganzen Zahlen $= \{0, 1, -1, 2, -2, \ldots\}$ $\quad \mathbb{Z}^* = \mathbb{Z} \setminus \{0\}$

$\mathbb{Q}$ = Menge der rationalen Zahlen $\quad \mathbb{Q}^* = \mathbb{Q} \setminus \{0\}$

$\mathbb{R}$ = Menge der reellen Zahlen $\quad \mathbb{R}^* = \mathbb{R} \setminus \{0\}$

$\mathbb{R}^+ =]0\,;+\infty[$

$\mathbb{R}_0^+ = [0\,;+\infty[$

Wir bedanken uns bei den Kollegen **Robert Hachenthal**, **Joachim Kläsner** und **Arno Neufang** für die wertvollen didaktischen und methodischen Hinweise, sowie für die Durchsicht des Manuskriptes.

www.softfrutti.de

Inhaltsverzeichnis

1 Zufallsexperiment und Ereignis

1.1 Zufallsexperimente 1

1.2 Mehrstufige Zufallsexperimente 6

1.3 Ereignisse 9

1.4 Verknüpfungen von Ereignissen 13

1.4.1 Verknüpfungen 13

1.4.2 Regeln von de Morgan 16

2 Das Wahrscheinlichkeitsmaß

2.1 Gesetz der großen Zahlen 21

2.1.1 Relative Häufigkeiten 21

2.1.2 Empirisches Gesetz der großen Zahlen 23

2.2 Axiomatische Definition des W-Maßes 25

2.3 Folgerungen aus den Kolmogorow-Axiomen 28

2.4 Arbeiten mit der Vierfeldertafel 34

2.5 Wahrscheinlichkeitsverteilung 37

2.6 Klassischer Wahrscheinlichkeitsbegriff 40

2.6.1 Laplace-Experimente 40

2.6.2 Berechnung von Laplace-Wahrscheinlichkeiten 43

3 Kombinatorische Zählverfahren

3.1 Das allgemeine Zählprinzip 49

3.2 Ziehen mit Zurücklegen bei Beachtung der Reihenfolge 51

3.3 Ziehen mit Zurücklegen bei Beachtung der Reihenfolge 53

3.3.1 Permutationen 53

3.3.2 k-Permutationen einer n-elementigen Menge 55

3.4 Gleichzeitiges Ziehen mehrerer Kugeln 57

3.4.1 Ziehen ohne Zurücklegen und ohne Beachtung der Reihenfolge 57

3.4.2 Das Lottomodell 60

3.5 Kombinatorische Berechnung von Laplace-Wahrscheinlichkeiten 64

4 Bedingte Wahrscheinlichkeit 67

4.1 Bedingte Wahrscheinlichkeit 67

4.2 Baumdiagramme und Pfadregel 72

4.3 Lösung des Umkehrproblems 77

4.4 Stochastische Unabhängigkeit 79

4.4.1 Der Begriff der stochastischen Unabhängigkeit 79

4.4.2 Spezieller Produktsatz 80

4.4.3 Unabhängigkeit in der Vierfeldertafel 82

4.5 Vermischte Aufgaben 85

5 Bernoulli-Wahrscheinlichkeit 89

5.1 Bernoulli-Experimente und Bernoulli-Ketten 89

5.2 Wahrscheinlichkeiten bei Bernoulli-Ketten 92

5.3 Summenwahrscheinlichkeiten bei Bernoulli-Ketten 101

6 Zufallsgrößen und ihre Wahrscheinlichkeitsverteilung 107

6.1 Der Begriff der Zufallsgröße 107

6.2 Beschreibung von Ereignissen durch Zufallsgrößen 109

6.3 Die Wahrscheinlichkeitsverteilung einer Zufallsgröße 111

6.4 Der Erwartungswert einer Zufallsgröße 114

6.5 Eigenschaften des Erwartungswertes 118

6.6 Varianz und Standardabweichung 120

6.6.1 Definition der Varianz 120

6.6.2 Verschiebungsformel 123

7 Binomialverteilung 127

7.1 Binomial verteilte Zufallsgrößen 127

7.2 Summenfunktion zur Binomialverteilung 130

7.3 Erwartungswert und Standardabweichung binomial verteilter Zufallsgrößen 134

7.4 Das Gesetz der großen Zahlen 139

8 Normalverteilung 141

8.1 Der Standardisierungsprozess 141

8.2 Die Gaußfunktion 145

8.3 Lokale Näherungsfunktion von Moivre-Laplace 147

9 Komplexe Aufgaben 151

10 Tabellen zur Wahrscheinlichkeitsrechnung und Stochastik 157

Stichwortverzeichnis 173

1

Zufallsexperiment und Ereignis

Das Gebiet der Mathematik, in welchem rechnerische Methoden zur Beschreibung zufälliger Ereignisse („6“ beim Würfeln, „vier Asse“ beim Kartenausteilen, „sechs Richtige“ beim Zahlenlotto usw.) entwickelt werden, heißt ***Wahrscheinlichkeitsrechnung****. Sie entstand im Verlaufe des 17. Jahrhunderts im Zusammenhang mit dem Bestreben, die Erfolgschancen bei Glücksspielen zu berechnen. Gemeinsam mit der* ***Statistik*** *und Teilen der* ***Kombinatorik*** *bildet die Wahrscheinlichkeitsrechnung die* ***Stochastik***[1].

Die Statistik ist ein Teilgebiet der Mathematik und hat die Aufgabe, Massenerscheinungen zahlenmäßig zu erfassen, zu gliedern und in ihnen enthaltene Regelmäßigkeiten zu ermitteln. Sie wird z.B. bei Volkszählungen, Qualitätskontrollen von Produkten, Erhebungen von Schadensfällen für eine Versicherung oder Auftreten von Krankheiten angewendet.

1.1 Zufallsexperimente

Zunächst muss man festlegen, was man unter einem **Zufallsexperiment** versteht.

Vorgänge, die unter gleichen Bedingungen beliebig oft wiederholt werden können, heißen **Experimente**. Eine einmalige Durchführung eines Experiments bezeichnet man als **Versuch**.

Experiment 1

Eine Münze wird geworfen und es wird dann festgestellt, ob sie Wappen oder Zahl zeigt.

Experiment 2

Ein Spielwürfel wird geworfen und es wird dann festgestellt, welche Augenzahl er zeigt.

Experiment 3

Ein Tennisball wird in die Luft geworfen und es wird dann festgestellt, ob er wieder auf den Boden fällt.

---

[1] stochazomai (griech.), ich vermute

Alle diese Experimente können beliebig oft in gleicher Weise wiederholt werden und das Ergebnis ist eindeutig feststellbar.

- Beim Experiment 3 kann man den Ausgang mit Sicherheit voraussagen, denn der Tennisball wird immer wieder auf den Boden fallen.
- Den Ausgang der Experimente 1 und 2 kann man dagegen nicht mit Sicherheit voraussagen.

So sind beim Werfen der Münze zwei **Ergebnisse** möglich und es ist nicht sicher, welche der beiden Seiten nachher oben liegen wird. Beim Würfeln mit einem Spielwürfel sind sogar sechs Ergebnisse möglich und es ist nicht vorhersagbar, welche Zahl fallen wird. Bei beiden Experimenten ist also ihr Ausgang vom Zufall abhängig. Die Wiederholung der Versuche unter gleichen Bedingungen führt nicht notwendig zum gleichen Ergebnis. Man nennt solche Experimente daher **Zufallsexperimente**.

Im Gegensatz dazu heißen Experimente, bei denen den Versuchsbedingungen eindeutig ein Ergebnis zugeordnet wird, **deterministische**[1] **Experimente**.

Definition 1.1 (Zufallsexperiment)

Ein Experiment mit folgenden Merkmalen heißt **Zufallsexperiment** (Abk. **ZE**):

1) Es kann unter gleichen Bedingungen beliebig oft wiederholt werden.
2) Bei dem Experiment sind mindestens zwei Ergebnisse möglich.
3) Das Ergebnis eines Versuchs kann durch keine Regel vorhergesagt werden.

Die Ergebnisse werden mit $\omega_1, \omega_2, \ldots, \omega_n$ (kleines Omega, griech. Buchstabe) bezeichnet. Man fasst sie in der **Ergebnismenge**[2] Ω (großes Omega) zusammen: $\Omega = \{\omega_1, \omega_2, \ldots, \omega_n\}$.

Beispiel 1

ZE: «Werfen einer Münze und Feststellen, ob Wappen oder Zahl fällt.»

Mögliche Ergebnisse: W := Wappen
Z := Zahl

Ergebnismenge: $\Omega = \{\text{W}, \text{Z}\}$

Die **Elementanzahl** $|\Omega|$ der Ergebnismenge Ω wird als **Mächtigkeit von Ω** bezeichnet.

In Beispiel 1 besteht die Ergebnismenge aus 2 Elementen, es gilt also $|\Omega| = 2$.

[1] determinare (lat.), bestimmen

[2] In der Literatur wird statt Ergebnismenge auch der Begriff **Ergebnisraum** benutzt.

Beispiel 2

ZE: «Werfen eines Spielwürfels und Feststellen der Augenzahl.»

Mögliche Ergebnisse: 1 := Der Würfel zeigt eine Eins
2 := Der Würfel zeigt eine Zwei
⋮
6 := Der Würfel zeigt eine Sechs

Ergebnismenge: $\Omega = \{1, 2, 3, 4, 5, 6\}$

ZE: «Werfen eines Spielwürfels und Feststellen, ob eine 6 fällt oder nicht.»

Mögliche Ergebnisse: T := Der Würfel zeigt eine Sechs
N := Der Würfel zeigt keine Sechs

Ergebnismenge: $\Omega = \{T, N\}$

Wie das Beispiel zeigt, können bei demselben Zufallsexperiment verschiedene Ergebnismengen sinnvoll sein, je nachdem, unter welchem Gesichtspunkt man das Zufallsexperiment betrachtet.

Beispiel 3

ZE: «Ziehen einer Spielkarte und Feststellen der Farbe.»

Mögliche Ergebnisse: ♦ := Karo
♥ := Herz
♠ := Pik
♣ := Kreuz

Ergebnismenge: $\Omega = \{♦, ♥, ♠, ♣\}$

Beispiel 4

ZE: «Ziehen einer nummerierten Kugel aus einer **Urne**[1] und Feststellen der Nummer.»

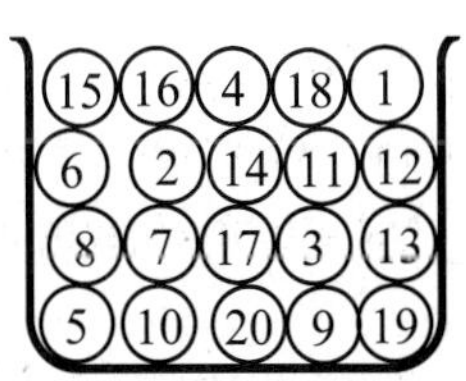

Mögliche Ergebnisse:
Die Nummer der gezogenen Kugel ist k ($k = 1, 2, ..., 20$).

Es erweist sich als zweckmäßig, für die einzelnen Versuchsergebnisse Kurzbezeichnungen einzuführen, hier z.B. das Symbol k für das Ergebnis „Die gezogene Kugel hat die Nummer k“.

Ergebnismenge: $\Omega = \{1, 2, \ldots, 20\}$

---

[1] In der Mathematik wird der Begriff „Urne“ für ein Gefäß verwendet, in das Kugeln zur Durchführung eines Zufallsexperiments gefüllt werden. Der Begriff wurde von Jakob Bernoulli (1654-1705) geprägt.

Beispiel 5

a) ZE: «Drehen eines Glücksrades und Feststellen, in welchen Sektor der Pfeil zeigt.»

Mögliche Ergebnisse:

$k :=$ Der Zeiger bleibt im Sektor k stehen ($k = 1, 2, 3$)

Ergebnismenge: $\Omega = \{1, 2, 3\}$

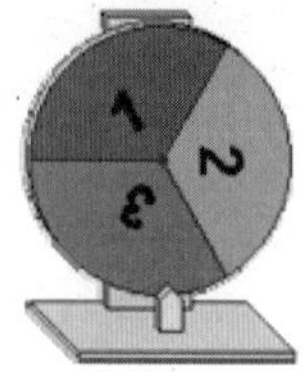

b) ZE: «Ein Würfel wird geworfen und es wird festgestellt, ob die geworfene Augenzahl gerade oder ungerade ist.»

Mögliche Ergebnisse: g := Die Augenzahl ist gerade
u := Die Augenzahl ist ungerade

Ergebnismenge: $\Omega = \{\text{g}, \text{u}\}$

c) ZE: «Zwei unterscheidbare Würfel werden geworfen (z.B. ein weißer und ein schwarzer) und die Augenzahlen werden festgestellt.»

Mögliche Ergebnisse:

$(i\,|\,k) := \begin{cases} \text{Der weiße Würfel zeigt die Zahl } i \text{ und} \\ \text{der schwarze die Zahl } k \end{cases}$

Die Ergebnisse können als Zahlenpaare angegeben werden. Dann bedeutet z.B. das Zahlenpaar $(6\,|\,3)$: Der weiße Würfel zeigt die Zahl 6 und der schwarze die Zahl 3.

Ergebnismenge: $\Omega = \{(1\,|\,1), (1\,|\,2), \ldots, (2\,|\,1), \ldots, (6\,|\,4), (6\,|\,5), (6\,|\,6)\}$

d) ZE: «Zwei nicht unterscheidbare Würfel werden geworfen und die Augenzahlen werden festgestellt.»

Mögliche Ergebnisse:

$i\,k := \begin{cases} \text{Ein Würfel zeigt die Zahl } i \text{ und} \\ \text{der andere die Zahl } k \end{cases}$

Ergebnismenge: $\Omega = \{11, 12, 13, 14, 15, 16, 22, 23, \ldots, 55, 56, 66\}$

Beachten Sie:

Da die beiden Würfel nicht unterschieden werden können, sind die Ergebnisse „Ein Würfel zeigt i, der andere k" sowie „Ein Würfel zeigt k, der andere i" identisch. Die Ergebnisse sind keine Zahlenpaare.

Aufgaben

1. An welchen Stellen spielt bei den Spielen *Mensch ärgere Dich nicht*, *Schach*, *Skat*, *Mühle*, *Monopoly* der Zufall eine Rolle?

2. Geben Sie für die folgenden Zufallsexperimente die möglichen Ergebnisse an. Wählen Sie für die Ergebnisse zweckmäßige Kurzbezeichnungen und bilden Sie die Ergebnismengen.

   a) Werfen eines Würfels und Feststellen, ob die 1 fällt.

   b) Werfen eines Würfels und Feststellen, ob die Augenzahl eine Primzahl ist.

   c) Werfen zweier Würfel und Feststellen der Augensumme.

3. Das (französische) Skatblatt besteht aus 32 Karten mit den 4 Farben

   ♦ := Karo, ♥ := Herz

   ♠ := Pik, ♣ := Kreuz

   jeweils mit den Karten Sieben, Acht, Neun, Zehn, Bube, Dame, König und Ass.

   Geben Sie jeweils die Ergebnismenge für folgende Zufallsexperimente an: Sie ziehen aus einem Kartenspiel (32 Karten) eine Karte und

   a) stellen den Kartenwert fest,

   b) stellen die Farbe fest,

   c) stellen fest, ob Sie ein Bild (König, Dame oder Bube) gezogen haben.

4. Eine Urne enthält jeweils elf Kugeln mit den Nummern 1 bis 7, also insgesamt 77 Kugeln. Sie ziehen blind eine Kugel und stellen ihre Nummer fest.

   a) Geben Sie die Ergebnismenge an.

   b) Vergleichen Sie die Eintrittschancen der einzelnen Ergebnisse.

5. Das Werfen einer Münze und Feststellen der Zahl der Würfe wird als Zufallsexperiment aufgefasst. Geben Sie die Ergebnismenge für folgende Situationen an:

   a) Die Münze wird solange geworfen, bis zum ersten Mal Zahl fällt, jedoch höchstens siebenmal.

   b) Die Münze wird solange geworfen, bis erstmals Wappen fällt.

1.2 Mehrstufige Zufallsexperimente

Wir werfen eine Münze zweimal und stellen jedes Mal fest, ob Wappen oder Zahl fällt. Die möglichen Ergebnisse kann man übersichtlich in einem **Baumdiagramm** darstellen. Im Unterschied zu den bisher behandelten Zufallsexperimenten handelt es sich um ein **zweistufiges** Zufallsexperiment, das aus zwei einfacheren Experimenten zusammengesetzt ist. Einen Überblick über die möglichen Ergebnisse gibt der regelmäßige zweistufige **Baum**.

Ein Baumdiagramm ist ein strukturiertes Protokoll über alle möglichen Verläufe des Experimentes. Zum Zeichnen des Baumdiagramms zerlegt man das Zufallsexperiment in seine Stufen und notiert die möglichen Teilergebnisse jeder Stufe.

Jedes Ergebnis des Gesamtexperimentes wird durch einen Pfad im Baumdiagramm vom Start bis zu einem Endpunkt repräsentiert und lässt sich als 2-Tupel (Paar) der Teilergebnisse darstellen.

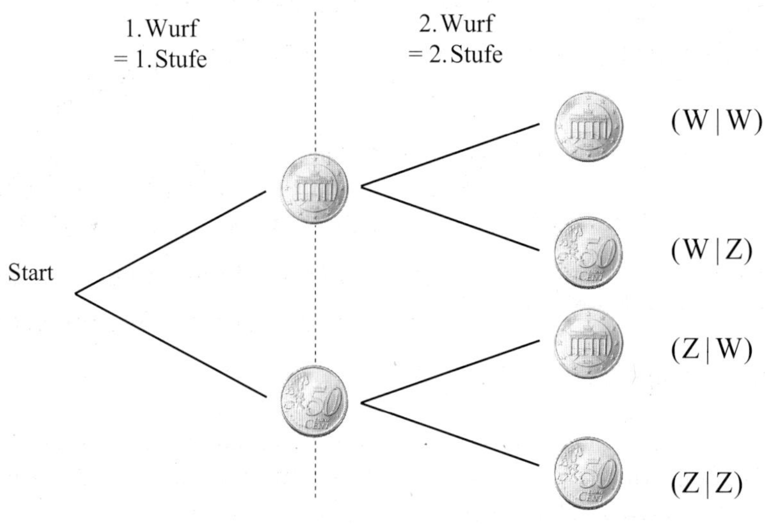

Diese Ergebnisse lassen sich mithilfe von Paaren darstellen. Für die Ergebnismenge gilt also:

$$\Omega = \{(W \mid W), (W \mid Z), (Z \mid W), (Z \mid Z)\} = \{W, Z\} \times \{W, Z\} = \{W, Z\}^2 .$$

In der Sprache der Mengenlehre bezeichnet man die Menge

$$A \times B = \{(a \mid b) \mid a \in A \text{ und } b \in B\}$$

als **Produktmenge** der Mengen A und B.

Durch Verallgemeinerung gelangen wir zu der folgenden Beschreibung:

Definition 1.2 (Mehrstufige Zufallsexperimente und Baumdiagramme)

(1) Manche Zufallsexperimente sind aus mehreren einfacheren Zufallsexperimenten zusammengesetzt, die in einer bestimmten Reihenfolge ablaufen. Solche Zufallsexperimente heißen **mehrstufig**.

(2) Die Ergebnisse k-stufiger **Zufallsexperimente** lassen sich durch ***k*-Tupel** beschreiben (2-Tupel heißen **Paare**, 3-Tupel heißen **Tripel**). Die Ergebnismenge Ω ist dann die Menge all dieser Tupel.
Die Ergebnismenge lässt sich durch ein **Baumdiagramm** veranschaulichen. Jedem Ergebnis entspricht ein **Pfad** durch das Baumdiagramm.

Beispiel (für mehrstufige Zufallsexperimente und ihre Beschreibung)

a) In einer Urne befinden sich 4 gleichartige Kugeln mit den Nummern 1, 2, 3 und 4. Eine Kugel wird gezogen, ihre Nummer festgestellt und anschließend wieder zurückgelegt. Der Vorgang wird einmal wiederholt.

Baumdiagramm:

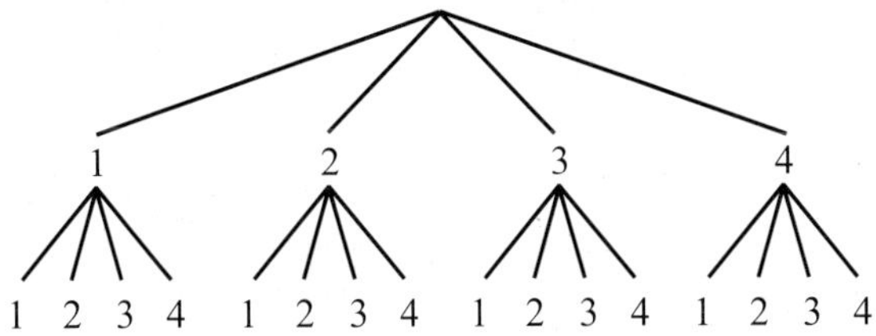

Mögliche Ergebnisse: $(i\,|\,k) := \begin{cases}\text{Zuerst wird die Kugel mit der Nummer } i\\ \text{und dann die mit der Nummer } k \text{ gezogen}\end{cases}$

Ergebnismenge: $\Omega = \{(1\,|\,1), (1\,|\,2), (1\,|\,3), \ldots, (4\,|\,4)\} = \{1, 2, 3, 4\}^2$

b) In einer Urne befinden sich 4 gleichartige Kugeln mit den Nummern 1, 2, 3 und 4. Eine Kugel wird gezogen, ihre Nummer festgestellt. Die Kugel wird nicht zurückgelegt. Der Vorgang wird einmal wiederholt.
Baumdiagramm:

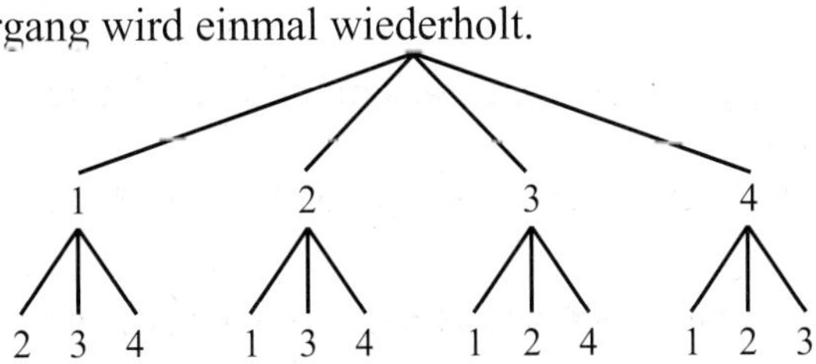

Mögliche Ergebnisse: $(i\,|\,k) := \begin{cases}\text{Zuerst wird die Kugel mit der Nummer } i\\ \text{und dann die mit der Nummer } k \text{ gezogen}\end{cases}$

Ergebnismenge:
$\Omega = \{(1\,|\,2), (1\,|\,3), \ldots, (4\,|\,3)\} = \{(i\,|\,k) \mid i, k = 1, 2, 3, 4 \text{ und } i \neq k\}$

Aufgaben

6. Geben Sie für die Zufallsexperimente die möglichen Ergebnisse an.
   a) Ein Würfel wird dreimal geworfen und die Augenzahlen festgestellt.
   b) Eine Münze wird so lange geworfen, bis zum ersten Mal Wappen oben liegt, höchstens aber viermal.

7. Eine Urne A enthält 2 weiße und 2 schwarze gleichartige Kugeln, eine Urne B enthält 3 schwarze und 1 weiße Kugel, alle von der gleichen Art.
   Geben Sie zu folgenden Zufallsexperimenten die Ergebnismenge an.
   a) Es wird zuerst eine Urne ausgewählt und dann werden nacheinander 2 Kugeln ohne Zurücklegen aus dieser Urne gezogen.
   b) Zuerst wird eine Urne ausgewählt, dann werden gleichzeitig zwei Kugeln aus dieser Urne gezogen.

8. In einer Urne befinden sich sechs weiße und zwei rote Kugeln. Geben Sie zu folgenden Zufallsexperimenten passende Ergebnismengen an.
   a) Eine Kugel wird gezogen, ihre Farbe festgestellt und danach wieder zurückgelegt. Der Vorgang wird anschließend noch zweimal wiederholt.
   b) Eine Kugel wird gezogen, ihre Farbe festgestellt und danach jedoch nicht wieder zurückgelegt. Der Vorgang wird dann zweimal wiederholt.
   c) Drei Kugeln werden gleichzeitig gezogen und ihre Farben festgestellt.
   d) Es werden solange Kugeln mit Zurücklegen gezogen, bis eine weiße Kugel gezogen wird, jedoch höchstens viermal.
   e) Es werden solange Kugeln ohne Zurücklegen gezogen, bis man eine weiße Kugel zieht.

9. Zwei nicht unterscheidbare Würfel werden gleichzeitig geworfen und zwar so lange, bis eine Doppelsechs erscheint, höchstens aber viermal.
   Konstruieren Sie eine geeignete Ergebnismenge.

10. Zwei Freunde vereinbaren für ein Tennisspiel eine Gewinnregel: Sieger ist, wer zwei Spiele nacheinander oder insgesamt drei Spiele gewinnt.
    a) Geben Sie eine geeignete Ergebnismenge an.
    b) Wie viele Gewinnmöglichkeiten gibt es für jeden der Freunde?

1.3 Ereignisse

Beim Roulette wird eine Kugel in einen sich drehenden Kessel geworfen. Der Kessel besitzt gleich große, von 0 bis 36 durchnummerierte Zahlenfächer; 18 der Zahlen von 1 bis 36 sind rot, die anderen 18 schwarz, die 0 ist andersfarbig. Das Zahlenfach, in dem die Kugel liegen bleibt, hat gewonnen.

Anordnung der Zahlen im Kessel

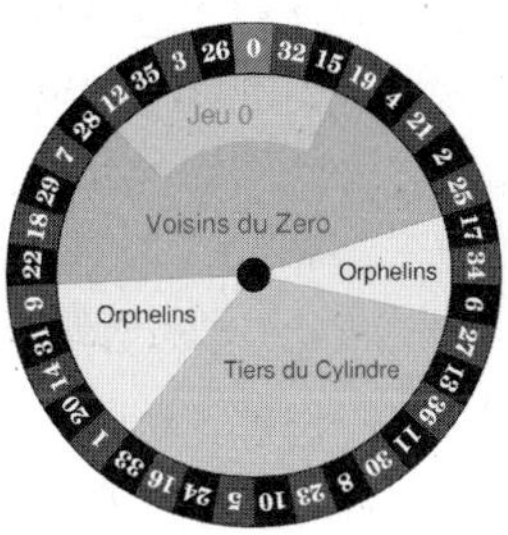

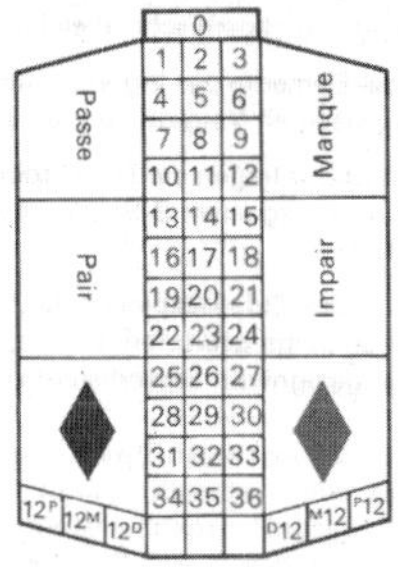

Spieltisch

Auf dem Spieltisch sind die gleichen (schwarzen und roten) Felder, dazu die Felder **Manque**, **Passe**, **Pair**, **Impair**, **Noir** und **Rouge** zum Setzen angeordnet.

Beim Roulette ist die Ergebnismenge $\Omega = \{0, 1, 2, 3, \ldots, 36\}$. Man kann dabei auf ein einzelnes Ergebnis setzen, hat unter anderem aber auch die folgenden Einsatzmöglichkeiten:

Manque: $\{1, 2, 3, \ldots, 18\} \subset \Omega$,

1. Dutzend: $\{1, 2, 3, \ldots, 12\} \subset \Omega$,

Carrée: $\{7, 8, 10, 11\} \subset \Omega$ (ein mögliches Beispiel).

Diese Einsatzmöglichkeiten beim Roulette sind als **Teilmengen** der Ergebnismenge darstellbar.

Fällt z.B. die Zahl 13, so ist das **Ereignis** Manque eingetreten, die Ereignisse Carrée und 1. Dutzend dagegen nicht. Fällt die Zahl 8, so sind alle drei genannten Ereignisse eingetreten.

Definition 1.3 (Ereignis und Elementarereignis)

Gegeben ist ein Zufallsexperiment mit der Ergebnismenge Ω.

(a) Jede Teilmenge A von Ω heißt **Ereignis.**

(b) Das Ereignis A tritt ein, wenn das Ergebnis ein Element von A ist.

(c) Einelementige **Teilmengen** von Ω nennt man **Elementarereignisse**.

(d) Die Menge aller Ereignisse (also die Menge aller Teilmengen der Ergebnismenge Ω) heißt **Ereignismenge** und wird mit $\wp(\Omega)$ bezeichnet[1].

---

[1] $\wp$ ist der Buchstabe P aus der deutschen **Sütterlinschrift**

Jedes einzelne Ergebnis kann formal auch als einelementige Menge und damit als Ereignis ausgedrückt werden.
Ist bei einem Versuch das Ergebnis ein Element von A mit $A \subset \Omega$, so sagt man, **das Ereignis A ist eingetreten**. Für die leere Menge und die Ergebnismenge selbst verwendet man in der Ereignissprache besondere Begriffe:

- Die Ergebnismenge Ω selbst heißt **sicheres Ereignis**.
- Das Ereignis { } (leere Menge) heißt **unmögliches Ereignis**.

In der Mengenlehre bezeichnet man $\wp(\Omega)$ als **Potenzmenge** von Ω. Die Potenzmenge von Ω besteht aus allen Teilmengen von Ω. Eine n-elementige Menge besitzt 2^n Teilmengen.
Für $|\Omega| = n$ ist also $|\wp(\Omega)| = 2^n$. Zu einem Zufallsexperiment mit einer n-elementigen Ergebnismenge gibt es somit 2^n Ereignisse.

Beispiel

Eine Urne enthält 20 gleichartige Kugeln, dabei je eine mit den Nummern 0, …, 4 und je drei mit den Nummern 5, …, 9. Es wird eine Kugel gezogen und ihre Nummer festgestellt.
Die Ergebnismenge ist dabei $\Omega = \{0, 1, 2, 3, \dots, 9\}$.

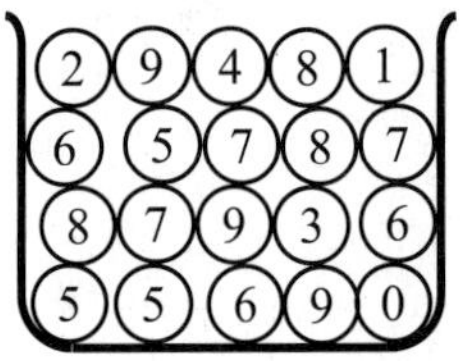

Man kann sich das Kugelziehen als ein Glücksspiel vorstellen. Es ist z.B. möglich, dass man einen Preis gewinnt, wenn bei einem Versuch das folgende Ereignis eintritt:

„Die gezogene Nummer ist kleiner als 5.“.

Dieses Ereignis tritt genau dann ein, wenn die gezogene Nummer 0, 1, 2, 3 oder 4 ist, d.h. falls das Versuchsergebnis zur Menge $A = \{0, 1, 2, 3, 4\}$ gehört. Das Ereignis wird durch die Menge A eindeutig beschrieben.
Alle anderen Teilmengen von Ω beschreiben ebenfalls Ereignisse.
Nachfolgend sind einige weitere Beispiele angegeben:

Teilmenge von Ω	mögl. umgangssprachliche Beschreibung	Bezeichnung
$\{0, 2, 4, 6, 8\}$	Die gezogene Nummer ist gerade.	
$\{8, 9\}$	Die gezogene Nummer ist 8 oder 9. Die gezogene Nummer ist größer als 7.	
$\{1\}$	Die gezogene Nummer ist 1.	Elementar-ereignis
{ }	Die gezogene Nummer ist zweistellig.	Unmögliches Ereignis
Ω	Die gezogene Nummer ist durch 1 teilbar.	Sicheres Ereignis

Die einzelnen Ereignisse besitzen allerdings unterschiedliche Eintrittschancen. Unser Ziel ist es, in den nächsten Abschnitten Regeln zu entwickeln, um diese Eintrittschancen berechnen zu können.

Aufgaben

11. Zwei unterscheidbare Würfel werden geworfen und ihre Augenzahlen notiert. Geben Sie die Ergebnismenge an und stellen Sie die Ereignisse durch Mengen in aufzählender Form dar.

   a) Die Augensumme ist kleiner als 7.
   b) Die Augensumme ist ungerade.
   c) Beide Würfel zeigen dieselbe Augenzahl.
   d) Die Augensumme beträgt genau 4.
   e) Die Augensumme beträgt höchstens 6.
   f) Die Augenzahlen der Würfel unterscheiden sich um mehr als 3.
   g) Die Augensumme ist durch 6 teilbar.
   h) Die Augensumme ist 1.
   i) Die Augensumme ist kleiner als 15.
   j) Das Produkt der Augenzahlen ist 16.
   k) Die Differenz der Augenzahlen ist eine ganze Zahl.

12. In einer Urne befinden sich schwarze und weiße Kugeln. Es wird eine Kugel zufällig gezogen, ihre Farbe festgestellt und wieder zurückgelegt. Dies geschieht dreimal. Geben Sie die Ergebnismenge an und beschreiben Sie die Ereignisse durch Mengen.
   a) Es werden mindestens zwei weiße Kugeln gezogen.
   b) Es wird höchstens eine weiße Kugel gezogen.
   c) Es werden drei schwarze Kugeln gezogen.
   d) Es werden höchstens drei weiße Kugeln gezogen.
   e) Es werden ebenso viele schwarze wie weiße Kugeln gezogen.
   f) Beim ersten Mal wird eine weiße Kugel gezogen.

13. Gegeben ist das Zufallsexperiment «Drehen eines Glücksrades mit 4 Sektoren».
   a) Geben Sie die Ergebnismenge Ω an.
   b) Geben Sie alle Ereignisse dieses Zufallsexperiments an.
   c) Bei einem Versuch wird das Ergebnis 4 beobachtet. Unterstreichen Sie in der Lösung zu b) alle Ereignisse, die dann eingetreten sind.

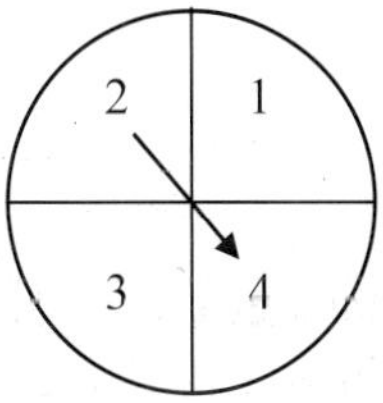

14. Bei der mündlichen Abiturprüfung müssen im Fach Mathematik vier Prüflinge der Reihe nach antreten. Verwenden Sie das Symbol 1 für „bestanden“ und 0 für „durchgefallen“ und geben Sie damit die folgenden Ereignisse an.
    a) Der zweite Prüfling fällt durch.
    b) Mindestens zwei Prüflinge fallen durch.
    c) Genau drei Prüflinge fallen durch.
    d) Nur der zweite Prüfling besteht.
    e) Der erste oder der zweite Prüfling besteht.
    f) Der zweite und der vierte Prüfling fallen durch.

15. Bei einer Mitgliederversammlung eines Vereins sind das Amt des Vorsitzenden sowie dessen Stellvertreters neu zu besetzen. Als Kandidaten konnten die Herren Schmidt (S), Müller (M) und Weber (W) gewonnen werden.
    Beschreiben Sie die folgenden Ereignisse durch Mengen.
    a) Herr Schmidt wird zum Vorsitzenden gewählt.
    b) Herr Müller wird zum Vorsitzenden oder zum Stellvertreter gewählt.
    c) Herr Weber wird nicht zum Vorsitzenden gewählt.

16. Zwei Jungs und drei Mädchen tragen einen Schwimmwettbewerb aus. Beschreiben Sie die Ereignisse durch Mengen.
    a) Ein Mädchen gewinnt nicht.
    b) Unter den ersten zwei ist genau ein Mädchen.
    c) Als letzter erreicht ein Junge das Ziel.

17. Es wird folgendes Zufallsexperiment betrachtet: «Dreimaliges Werfen einer Münze und Feststellen, ob Wappen (W) oder Zahl (Z) oben liegt».
    Formulieren Sie die Ereignisse in Worten.
    a) $E_1 = \{\text{WWZ, WZW, ZWW}\}$ b) $E_2 = \{\text{WWW, WWZ, ZWW, ZWZ}\}$
    c) $E_3 = \{\text{WZZ, ZWZ, ZZW, ZZZ}\}$ d) $E_4 = \{\text{WZW, WZZ, ZZW, ZZZ}\}$

1.4 Verknüpfungen von Ereignissen

1.4.1 Verknüpfungen

Im letzten Abschnitt haben wir gesehen, dass die modellhafte Beschreibung von Ereignissen durch Mengen nützlich ist. Insbesondere lassen sich dann auch umgangssprachliche Verknüpfungen von Ereignissen durch Worte wie z.B. „und“, „oder“ und dergleichen in die aus der Mengenlehre bekannten entsprechenden Verknüpfungen übersetzen.

Bei einem Glücksspiel wird ein Würfel geworfen und die Augenzahl festgestellt. Dann ist $\Omega = \{1, 2, 3, 4, 5, 6\}$.
Ein Spieler setzt auf die beiden Ereignisse A: „Die Augenzahl ist ungerade“ mit $A = \{1, 3, 5\}$ sowie B: „Die Augenzahl ist eine Primzahl“ mit $B = \{2, 3, 5\}$.

- Besonders günstig für den Spieler ist, wenn er eine ungerade Primzahl wirft. Dann ist das Ereignis „Die Augenzahl ist ungerade **und** eine Primzahl“ eingetreten, also das Ereignis *A* **und** das Ereignis *B*.
  Durch die Verknüpfung zweier Ereignisse mit dem Wort „und“ ist ein neues Ereignis, ein so genanntes **UND-Ereignis** entstanden.
  Das Ereignis „*A* und *B*“ entspricht der Schnittmenge $A \cap B = \{3, 5\}$, also der Menge aller Ergebnisse, die sowohl zu *A* als auch zu *B* gehören.
- Der Spieler freut sich natürlich schon, wenn er überhaupt gewinnt, also wenn eines der Ereignisse „ungerade“ **oder** „Primzahl“ eintritt. Durch die Verknüpfung zweier Ereignisse mit dem Wort „oder“ ist ein neues Ereignis, ein so genanntes **ODER-Ereignis** entstanden.
  Das Ereignis „*A* oder *B*“ entspricht der Vereinigungsmenge $A \cup B = \{1, 2, 3, 5\}$.

John Venn

Zur Veranschaulichung solcher Verknüpfungen von Mengen eignen sich die **Venn-Diagramme,** eine von dem englischen Mathematiker **J. Venn** (1834-1923) eingeführte Darstellungsform für mengentheoretische Beziehungen. Dabei werden die Ergebnismenge Ω als Rechteck und die Ereignisse *A* und *B* als Ellipsen oder Kreise dargestellt.
Die nachstehenden Bilder zeigen die Venn-Diagramme zur Darstellung des UND-Ereignisses und des ODER-Ereignisses.

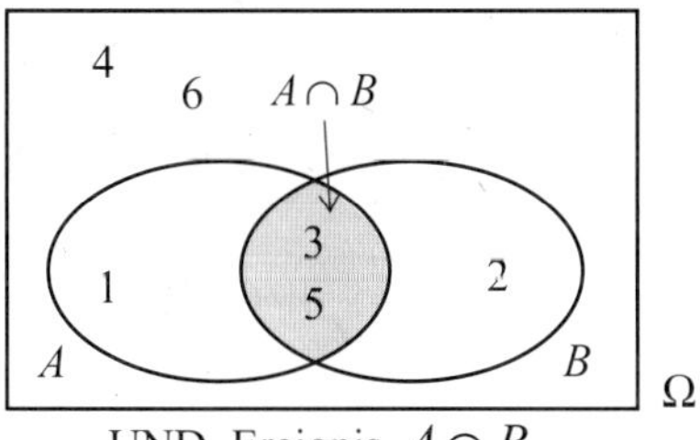

UND-Ereignis $A \cap B$

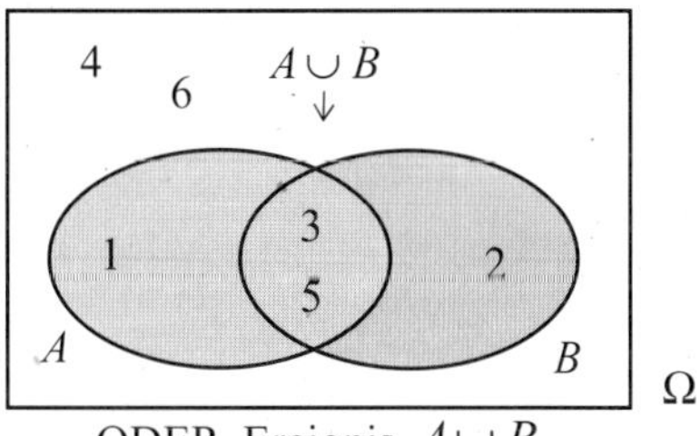

ODER-Ereignis $A \cup B$

Das Ereignis, das genau dann eintritt, wenn ein Ereignis A nicht eintritt, heißt **Gegenereignis** oder **Komplementärereignis** von A und wird mit $\overline{A}$ bezeichnet (lies: nicht A).

A: „Es wird eine Primzahl geworfen."
$A = \{2, 3, 5\}$
$\overline{A}$: „Es wird keine Primzahl geworfen."
$\overline{A} = \{1, 4, 6\}$

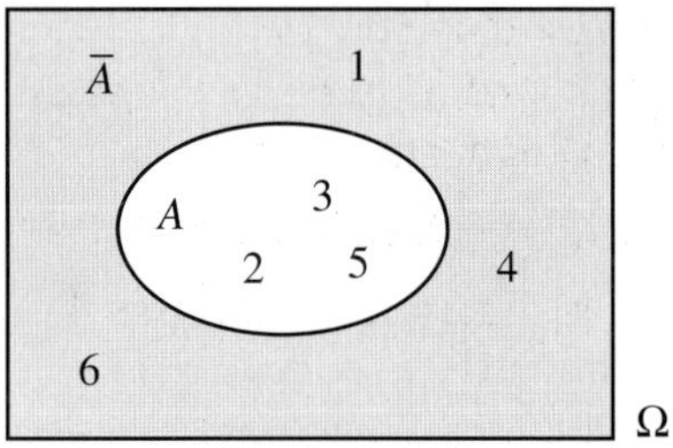

Die Verknüpfung von Ereignissen entspricht, wie wir gesehen haben, der Verknüpfung von Mengen. Umgangssprachlich verknüpfen wir Ereignisse zu einem neuen Ereignis mithilfe von Bezeichnungen wie „genau", „höchstens", „mindestens" usw. In der Ereignissprache müssen wir aber die Bezeichnungen „und", „oder" und „nicht" benutzen und sie mithilfe der Zeichen $\cap$, $\cup$ und $^-$ in die Mengensprache (formale Sprache) übersetzen.

Die nachfolgende Tabelle gibt einen Überblick über wichtige Verknüpfungen zweier Ereignisse A und B.

Umgangssprache	Ereignissprache	Mengensprache
Beide Ereignisse treten ein.	A und B tritt ein.	$A \cap B$
Mindestens eines von beiden Ereignissen tritt ein.	A oder B tritt ein.	$A \cup B$
Keines der beiden Ereignisse tritt ein.	(nicht-A) und (nicht-B) tritt ein.	$\overline{A} \cap \overline{B}$
Höchstens eines von beiden Ereignissen tritt ein.	Nicht-(A und B) tritt ein.	$\overline{A \cap B}$
Genau eines von beiden Ereignissen tritt ein.	(A und nicht-B) oder (B und nicht-A) tritt ein.	$(A \cap \overline{B}) \cup (\overline{A} \cap B)$

Aufgaben

18. Erläutern Sie die Mengenverknüpfungen anhand der Schraffuren in den Venn-Diagrammen.

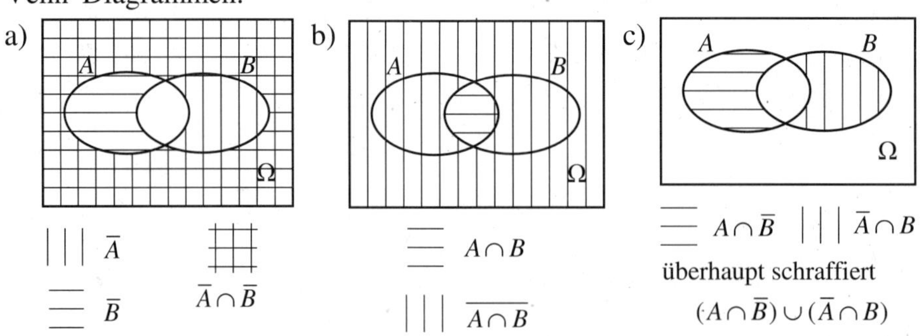

19. Beschreiben Sie in der Ereignis- und Mengensprache das aus den Ereignissen A und B gebildete Ereignis und veranschaulichen Sie es in einem Venn-Diagramm.

    a) A tritt ein oder B tritt nicht ein.

    b) Eines der Ereignisse A oder B tritt ein, das jeweils andere dagegen nicht.

20. Drei unterscheidbare Münzen werden gleichzeitig geworfen, wobei Z für Zahl und W für Wappen steht.

    a) Gilt $\overline{\{\text{WWW}\}} = \{\text{ZZZ}\}$?

    b) Bestimmen Sie das Ereignis „höchstens einmal Wappen“ und dessen Gegenereignis.

21. In einer Urne befinden sich zwanzig durchnummerierte Kugeln. Die Kugeln mit den Nummern 7, 8, ..., 15 sind rot, die restlichen weiß. Es wird eine Kugel gezogen. Die Ergebnismenge ist $\Omega = \{1, 2, 3, \ldots, 20\}$. A bezeichnet das Ereignis, dass eine rote Kugel gezogen wird, B das Ereignis, dass eine Kugel mit einstelliger Nummer gezogen wird.

    Beschreiben Sie die Ereignisse umgangssprachlich und geben Sie ihre Elemente sowie ihre Elementanzahl an. Veranschaulichen Sie die Ereignisse in Venn-Diagrammen.

    a) $A \cap B$ b) $A \cup B$ c) $\overline{A}$
    d) $\overline{A} \cap B$ e) $\overline{A} \cap \overline{B}$ f) $\overline{A \cup B}$
    g) $\overline{A} \cup \overline{B}$ h) $\overline{A \cap B}$ i) $(A \cap \overline{B}) \cup (\overline{A} \cap B)$

22. Bei der Endkontrolle werden fünf Computerchips einer Herstellungsserie auf ihre Funktionalität überprüft. Es treten die Ereignisse auf:

    A: „Mindestens ein Chip funktioniert nicht.“

    B: „Höchstens ein Chip funktioniert nicht.“

    Interpretieren Sie die folgenden Ereignisse:

    a) $\overline{A}$ b) $\overline{B}$ c) $A \cap B$ d) $A \cup B$
    e) $A \setminus B$ f) $A \cup \overline{B}$ g) $B \setminus A$ h) $\overline{A} \cup B$
    i) $\overline{A} \cap \overline{B}$ j) $\overline{A} \cup \overline{B}$

1.4.2 Regeln von de Morgan

Die Beschreibung und der Vergleich von Ereignissen können durch die Gesetze der Mengenalgebra vereinfacht werden. Unmittelbar einsichtig ist z.B. das Kommutativgesetz für das Vereinigen und Schneiden von Mengen, also $A \cup B = B \cup A$ und $A \cap B = B \cap A$. Darüber hinaus sind weitere Rechenregeln wichtig.

Beim Vergleich der folgenden Ereignisse ist neben einem Venn-Diagramm auch eine Darstellung in Form einer **Vierfeldertafel** zur Veranschaulichung angegeben. Eine Vierfeldertafel ist ein Mengendiagramm in Form eines Rechtecks. Das Rechteck repräsentiert die Ergebnismenge Ω und die horizontalen wie auch die vertikalen Streifen stellen je eine Zerlegung von Ω in **disjunkte**[1] Ereignisse dar.

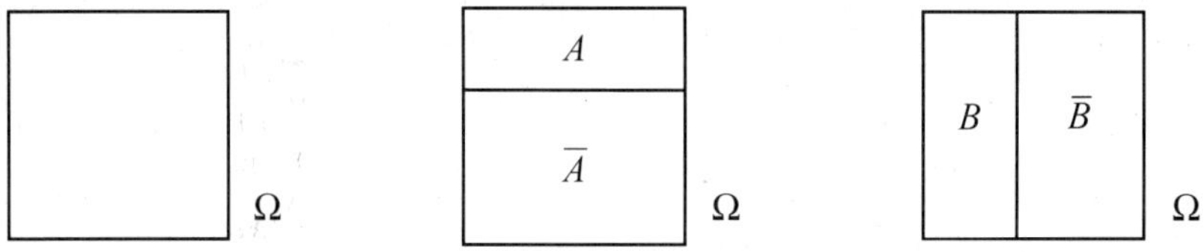

Die Zeichnungen sind nicht maßstabgetreu in dem Sinne, dass die Unterteilungen des Ausgangsrechtecks nur die Mengenzerlegung als solche, nicht aber die zugehörigen Größenverhältnisse wiedergeben.

Durch Überlagerung der Einteilungen entstehen vier Teilrechtecke, aus denen man die Bilder für Ereignisverknüpfungen aufbauen kann.
Nachfolgend sind die Bilder für die Ereignisse A und B sowie für die Verknüpfungen $A \cup B$ und $A \cap B$ dargestellt.

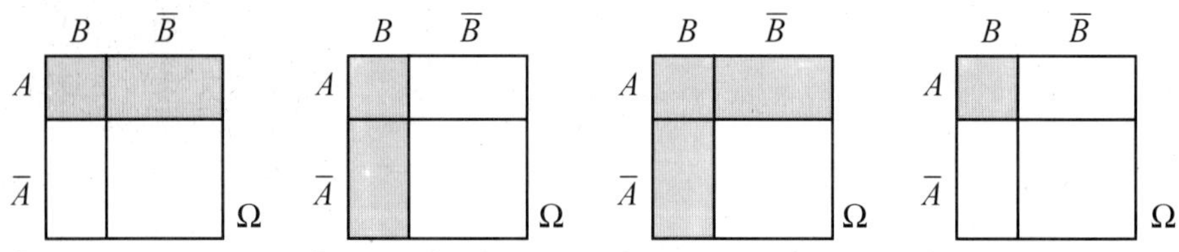

① A ② B ③ $A \cup B$ ④ $A \cap B$

Es folgen die Diagramme für die Ereignisse $\overline{A}$ und $\overline{B}$ sowie die zugehörigen Verknüpfungen $\overline{A} \cap \overline{B}$ und $\overline{A} \cup \overline{B}$.

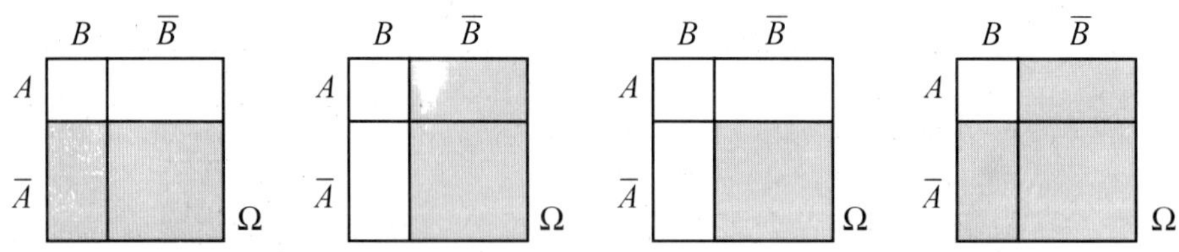

⑤ $\overline{A}$ ⑥ $\overline{B}$ ⑦ $\overline{A} \cap \overline{B}$ ⑧ $\overline{A} \cup \overline{B}$

[1] Zwei Mengen A und B heißen disjunkt, wenn sie keine gemeinsamen Elemente besitzen, also wenn $A \cap B = \{\ \}$.

Durch die Mengenoperationen *Schnitt* ($\cap$), *Vereinigung* ($\cup$) und *Komplement* ($\overline{\ }$) lassen sich Verknüpfungen von Ereignissen bilden. Von besonderer Bedeutung sind folgende Verknüpfungen:

1. $\overline{A \cap B}$ bedeutet: „Nicht beide Ereignisse treten gleichzeitig ein."

   $\overline{A} \cup \overline{B}$ bedeutet: „Mindestens ein Gegenereignis tritt ein."

   Der Vergleich der Bilder ④ und ⑧ ergibt: $\overline{A \cap B} = \overline{A} \cup \overline{B}$.

2. $\overline{A \cup B}$ bedeutet: „Keines der beiden Ereignisse tritt ein."

   $\overline{A} \cap \overline{B}$ bedeutet: „Weder A noch B tritt ein."

   Der Vergleich der Bilder ③ und ⑦ ergibt: $\overline{A \cup B} = \overline{A} \cap \overline{B}$.

Zusammenfassend gilt:

Satz 1.1 (Regeln von de Morgan)
Für die Ereignisse $A, B \subset \Omega$ gilt:
1. $\overline{A \cap B} = \overline{A} \cup \overline{B}$ 2. $\overline{A \cup B} = \overline{A} \cap \overline{B}$

Augustus de Morgan (1806-1871) lehrte als Professor für Mathematik in London und arbeitete auf vielen verschiedenen Gebieten der Mathematik.

Am bekanntesten wurde er durch die beiden nach ihm benannten Regeln der Mengenalgebra.

Augustus de Morgan

Eine weitere nützliche Regel ist die Zerlegungsregel.

Satz 1.2 (Zerlegungsregel)
Für die Ereignisse $A, B \subset \Omega$ gilt:

$$A = (A \cap B) \cup (A \cap \overline{B}).$$

Mithilfe der Zerlegungsregel wird ein Ereignis, hier das Ereignis A, in zwei disjunkte Teilmengen zerlegt, d.h. die beiden Mengen $(A \cap B)$ und $(A \cap \overline{B})$ haben kein Element gemeinsam und ihre Vereinigung ergibt die Menge A.

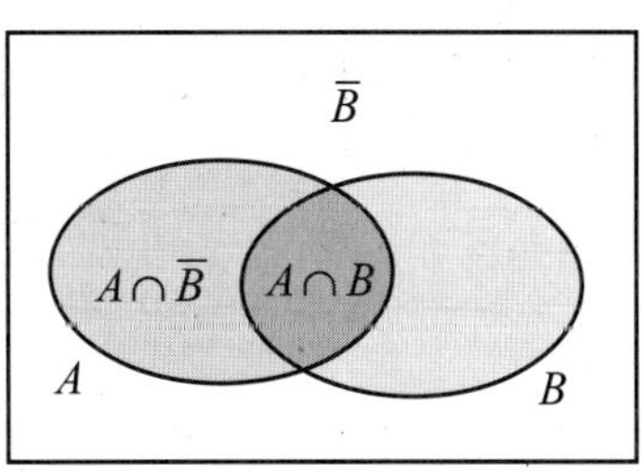

Ω

Die Vereinigungsmenge $A \cup B$ lässt sich gemäß der Abbildung rechts in drei disjunkte Mengen zerlegen:

$$A \cup B = (A \cap \overline{B}) \cup (A \cap B) \cup (\overline{A} \cap B).$$

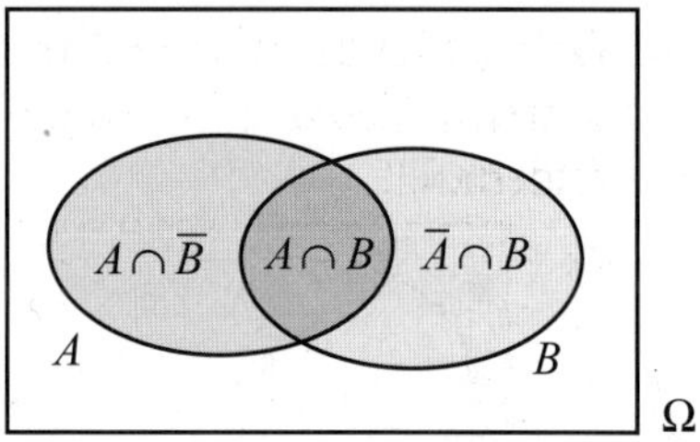

Von Bedeutung werden auch Ereignisse sein, die **nicht gleichzeitig** eintreten können.

Beispiel

ZE: «Zweimaliges Werfen eines Würfels und Feststellen der Augenzahl»

Ergebnismenge: $\Omega = \{1, 2, 3, 4, 5, 6\}^2$

Es werden folgende Ereignisse betrachtet:

A: „Augensumme ist 7.", also $A = \{(1|6), (2|5), (3|4), (4|3), (5|2), (6|1)\}$

B: „Pasch", also $B = \{(1|1), (2|2), (3|3), (4|4), (5|5), (6|6)\}$

Es gilt $A \cap B = \{\ \}$; beide Ereignisse können nicht gleichzeitig eintreten.

Für solche Ereignisse, die nicht gleichzeitig eintreten können, führt man einen eigenen Begriff ein.

Definition 1.4 (Unvereinbarkeit zweier Ereignisse)

Zwei Ereignisse *A* und *B* heißen **unvereinbar**, wenn sie nicht gleichzeitig eintreten können, d.h. wenn $A \cap B = \{\ \}$.

Ereignis *A* und sein Gegenereignis $\overline{A}$ sind stets unvereinbar. Sie zerlegen die Ergebnismenge in zwei disjunkte Teilmengen: $A \cap \overline{A} = \{\ \}$ und $A \cup \overline{A} = \Omega$.

Aufgaben

23. Geben Sie die in den Venn-Diagrammen dargestellten Ereignisse in Mengenschreibweise und in verbaler Form an.

a) 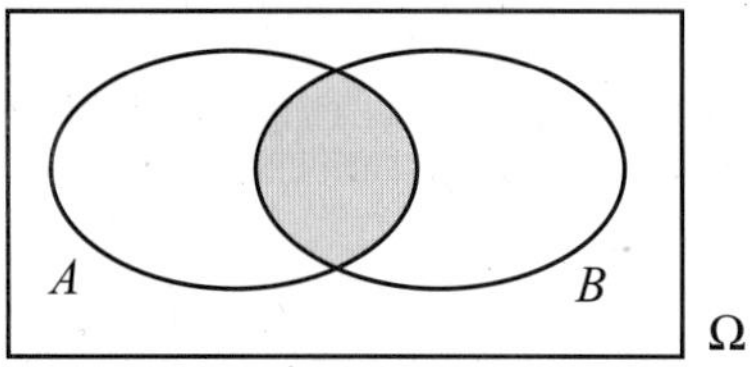

b) 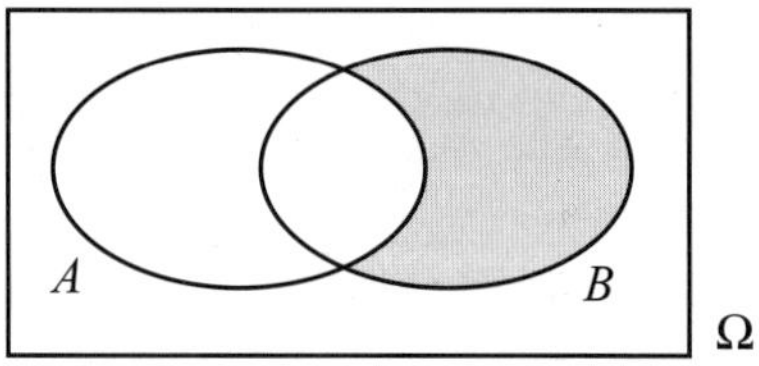

24. Geben Sie die in den Venn-Diagrammen dargestellten Ereignisse in Mengenschreibweise und in verbaler Form an. Zeichnen Sie eine entsprechende Vierfeldertafel.

a) 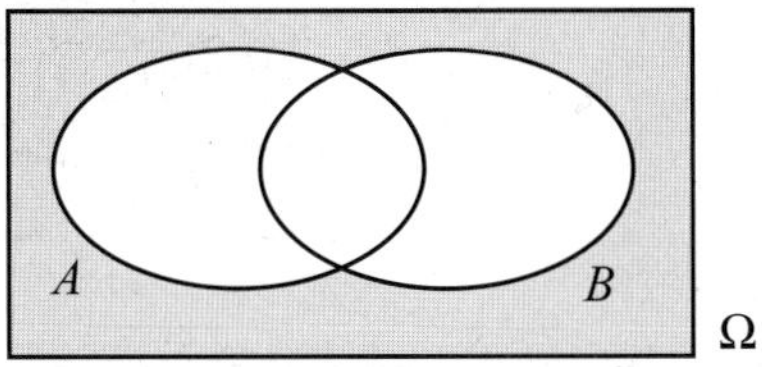

b) 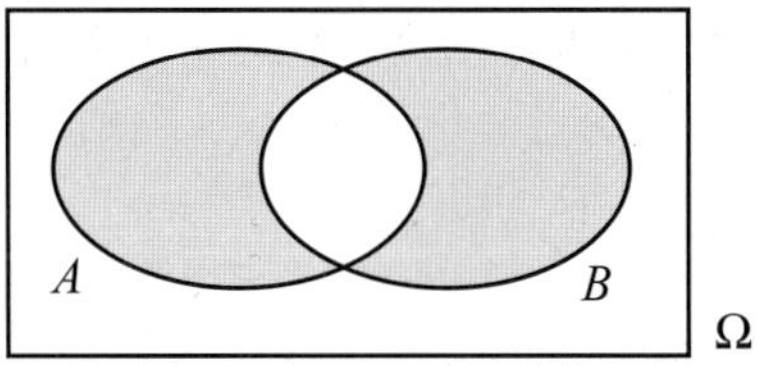

25. Betrachtet wird das Zufallsexperiment «Zweimaliges Werfen eines Würfels und Feststellen der Augenzahl». Geben Sie in umgangssprachlicher Formulierung und in Mengenschreibweise an:

a) Zwei Ereignisse A, B mit $A \subset B$

b) Zwei Ereignisse A, B mit $\overline{A} \subset B$

c) Zwei unvereinbare Ereignisse

26. Untersuchen Sie, ob die Ereignisse unvereinbar sind.

a) $A,\ \overline{A \cup B}$

b) $A,\ \overline{A \cap B}$

c) $A,\ \overline{A} \cap B$

d) $\overline{A \cup B},\ \overline{A} \cap B$

27. Überprüfen Sie die Gültigkeit der folgenden Aussagen.
Sind A und B unvereinbar, so sind

a) $\overline{A}$ und $\overline{B}$ unvereinbar,

b) $\overline{A}$ und B unvereinbar,

c) $\overline{A}$ und $\overline{B}$ vereinbar,

d) $\overline{A}$ und B vereinbar.

Geben Sie gegebenenfalls ein Gegenbeispiel an.

2

Das Wahrscheinlichkeitsmaß

In der Praxis genügt es uns nicht, festzustellen, dass ein Ereignis zufällig ist, sondern wir wollen auch Aussagen über seine Eintrittschance machen können.

Die im Alltag verwendeten Redewendungen wie z.B. „sehr wahrscheinlich", „wenig wahrscheinlich", „höchst unwahrscheinlich" usw. sind subjektiv.

Solche Aussagen sind für die Mathematik nicht brauchbar. Wir müssen daher ein objektives Wahrscheinlichkeitsmaß entwickeln, das durch Zahlen auszudrücken ist.
Darüber hinaus werden in diesem Kapitel auch Regeln für das Rechnen mit Wahrscheinlichkeiten entwickelt.

2.1 Gesetz der großen Zahlen

2.1.1 Relative Häufigkeiten

Peter verliert beim *Mensch ärgere Dich nicht*. Wütend behauptet er, dass der verwendete Würfel zu viele Einsen liefere. Um den Streit zu schlichten, schlägt Petra vor, den „verdächtigen" Würfel zu testen. Petra würfelt 120-mal und notiert die jeweils gewürfelte Augenzahl, Peter würfelt sogar 200-mal.

Petras Ergebnis bei 120 Würfen:

Elementarereignis	$\{1\}$	$\{2\}$	$\{3\}$	$\{4\}$	$\{5\}$	$\{6\}$
absolute Häufigkeit	21	20	18	18	21	22
relative Häufigkeit	0,175	$0,1\overline{6}$	0,15	0,15	0,175	$0,18\overline{3}$

Peters Ergebnis bei 200 Würfen:

Elementarereignis	$\{1\}$	$\{2\}$	$\{3\}$	$\{4\}$	$\{5\}$	$\{6\}$
absolute Häufigkeit	36	33	32	34	33	32
relative Häufigkeit	0,18	0,165	0,16	0,17	0,165	0,16

In den zweiten Zeilen der Tabellen sind jeweils die **absoluten Häufigkeiten** notiert, mit denen die verschiedenen Augenzahlen in den Versuchsserien auftreten.

Zum besseren Vergleich ihrer Versuchsserien berechnen Peter und Petra auch die relativen Anteile der Augenzahlen in ihren Versuchsserien, die so genannten **relativen Häufigkeiten**, indem Sie jeweils die absoluten Zahlen durch die Länge der Versuchsserie dividieren.

Der Vergleich der relativen Häufigkeiten liefert hier kein Indiz dafür, dass der verwendete Würfel gezinkt ist.

Der Begriff relative Häufigkeit ist nicht nur auf Elementarereignisse beschränkt, sondern er kann auch für beliebige Ereignisse erklärt werden.

Definition 2.1 (Relative Häufigkeit)
Tritt das Ereignis A in einer Serie von n Versuchen z-mal ein, so heißt die Zahl

$$h_n(A)=\frac{z}{n}=\frac{\text{Anzahl der Versuche, bei denen } A \text{ eintritt}}{\text{Gesamtzahl der Versuche}}$$

relative Häufigkeit von A in dieser Serie.

Betrachtet man das Ereignis A: „Peter würfelt eine gerade Zahl.“, so beträgt die absolute Häufigkeit von A in dieser Serie $z(A)=99$.

Für die relative Häufigkeit von A gilt dann: $h_{200}(A)=\frac{z(A)}{200}=\frac{99}{200}=0,495=49,5\,\%$.

Dies bedeutet: In 49,5% der Fälle wird eine gerade Zahl gewürfelt.

Aufgaben

1. 2848 Einwohner einer Stadt sind über 65 Jahren alt, das sind 32 %. Wie viele Einwohner hat diese Stadt?

2. In einem Betrieb sind 30 % der Beschäftigten Frauen. 65 % der Männer können das Rauchen nicht lassen, insgesamt sind dies 455 männliche Raucher. Wie viele Beschäftigte hat der Betrieb?

3. Die Anzahl der Angestellten, Arbeiter, Beamten und Selbständigen einer Großstadt verhalten sich wie 5 : 3 : 3 : 1.
Berechnen Sie die relativen Häufigkeiten und die absoluten Zahlen, wenn die Stadt 402 000 Bewohner zählt und nur 60 % der Einwohner berufstätig sind.

Eigenschaften der relativen Häufigkeit

Tritt ein Ereignis A in einer Serie von n Versuchen z-mal ein, so gilt $0\le z\le n$.
Damit gilt für die relative Häufigkeit: $0\le h_n(A)=\frac{z}{n}\le 1$.

Das sichere Ereignis Ω tritt immer ein, daher gilt $z=n$ und somit: $h_n(\Omega)=\frac{n}{n}=1$.

Das unmögliche Ereignis { } tritt bei keinem Versuch ein, daher gilt $z=0$, also:

$$h_n(\{\ \})=\frac{0}{n}=0.$$

Für das Ereignis A: „Peter würfelt eine gerade Zahl.“ gilt:

$$h(A)=h(\{2,4,6\})=h(\{2\})+h(\{4\})+h(\{6\})=0{,}165+0{,}17+0{,}16=0{,}495.$$

Man sieht: Die relative Häufigkeit für das Eintreten eines Ereignisses ist die Summe der relativen Häufigkeiten der zugehörigen Elementarereignisse.

Ebenso gilt: Die Summe der relativen Häufigkeiten aller Elementarereignisse ist 1.

2.1.2 Empirisches Gesetz der großen Zahlen

Beim Werfen eines Reißnagels sind die Ergebnisse 0 und 1 möglich.
Das Zufallsexperiment «Werfen eines Reißnagels» wird 200-mal durchgeführt. Nach jeweils 10 Versuchen werden die relativen Häufigkeiten $h_n(0)$ und $h_n(1)$ berechnet und in ein Diagramm eingetragen.

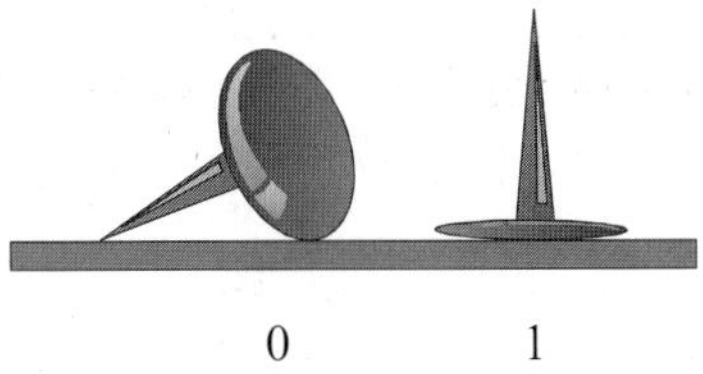

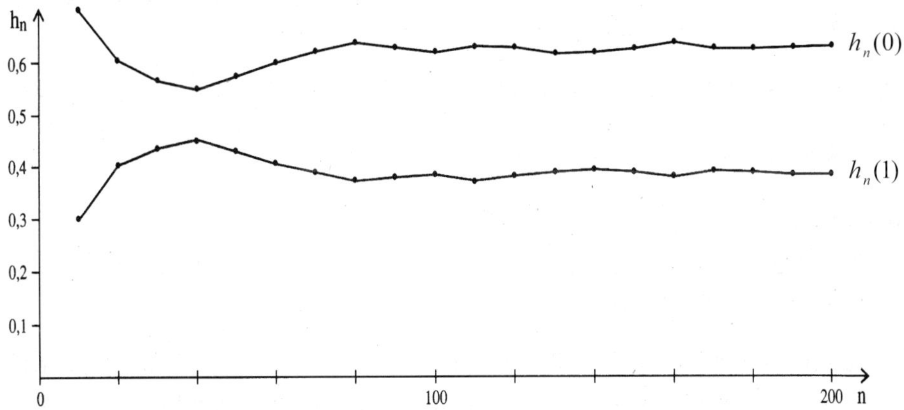

Es zeigt sich, dass die experimentell bestimmten relativen Häufigkeiten sich bei großen Versuchszahlen immer mehr stabilisieren. Diese Stabilisierung, die sich auch bei zahlreichen anderen Zufallsexperimenten zeigt, wurde von vielen Mathematikern immer wieder überprüft und bestätigt. Der daraus hergeleitete Erfahrungssatz trägt einen eigenen Namen:

> **Empirisches[1] Gesetz der großen Zahlen**
> Bei Zufallsexperimenten stabilisieren sich die relativen Häufigkeiten eines bestimmten Ereignisses mit wachsender Versuchszahl.

Beim *Empirischen Gesetz der großen Zahlen* handelt es sich nicht um einen mathematischen Satz, der bewiesen werden kann, sondern nur um ein Erfahrungsgesetz. Es liegt eine Gesetzmäßigkeit vor, die nur bei einer großen Anzahl von Versuchen feststellbar ist.

Eine Stabilisierung der relativen Häufigkeiten tritt bei langen Versuchsserien sehr häufig, jedoch zwangsläufig nicht immer ein. Es kann durchaus auch einmal vorkommen, dass eine Serie eintritt, in der die relativen Häufigkeiten stark schwanken, auch wenn die Serienlänge n sehr groß gewählt ist.
Solche „Ausreißer" treten bei größerem n jedoch immer seltener auf.

---

[1] empirisch bedeutet erfahrungsgemäß, aus der Erfahrung (Beobachtung) erwachsen, dem Experiment entnommen, von Empirie (griech.), Erfahrung, Erfahrungswissen

Aufgaben

4. Schon unmittelbar nach Schließung der Wahllokale gibt es in der Fernsehberichterstattung die ersten Prognosen über den vermutlichen Wahlausgang. Im Laufe des Abends werden immer mehr Ergebnisse aus den einzelnen Stimmbezirken bekannt. Diese Zwischenergebnisse werden für „Hochrechnungen" des Wahlergebnisses benutzt.

   a) Die ersten Hochrechnungen für die A-Partei lagen bei 55 %, 53 % und bei 54 %. Obwohl erst ein Viertel der Stimmen ausgezählt sind, spricht der Vorsitzende der A-Partei von der absoluten Mehrheit. Handelt er voreilig?

   b) Die Hochrechnungen für die D-Partei waren 6 %, 4 % und 4,5 %. Kein Vertreter der D-Partei möchte sich zu einem möglichen Scheitern an der „5% -Hürde" äußern. Ist dies verständlich?

5. Ein Würfel wird 1000-mal geworfen. Dabei werden nach 50, 100, 250, 500 und 1000 Würfen für die einzelnen Augenzahlen die relativen Häufigkeiten berechnet. Es ergaben sich die folgenden Werte:

n	50	100	250	500	1000
$h(1)$	0,120	0,130	0,120	0,130	0,135
$h(2)$	0,200	0,180	0.220	0,190	0,196
$h(3)$	0,100	0,110	0,100	0,120	0,112
$h(4)$	0,160	0,170	0,160	0,150	0,156
$h(5)$	0,120	0,140	0,120	0,130	0,125
$h(6)$	0,300	0,270	0,280	0,280	0,2765

   a) Weshalb ist ein solcher Würfel für Gesellschaftsspiele wie beispielsweise *Mensch ärgere Dich nicht* ungeeignet?

   b) Welche Werte müssten die relativen Häufigkeiten bei einem geeigneten Würfel besitzen?

   c) Mit welcher Anzahl von Sechsen kann man gemäß obiger Tabelle bei dem betrachteten Würfel in einer Serie von 5000 Würfen rechnen?

      Wodurch ist diese Annahme gerechtfertigt?

2.2 Axiomatische Definition des W-Maßes

Nach dem empirischen Gesetz der großen Zahlen stabilisieren sich die relativen Häufigkeiten $h_n(A)$ eines Ereignisses A gegen eine feste Zahl. Diese Zahl scheint geeignet zu sein als ein Maß $P(A)$ für die Eintrittschance des Ereignisses A.

Mathematisch formuliert legt das Gesetz der großen Zahlen es nahe, die Wahrscheinlichkeit $P(A)$ eines Ereignisses A als Grenzwert der relativen Häufigkeiten $h_n(A)$ für $n \to \infty$ zu definieren:

$$P(A) := \lim_{n\to\infty} h_n(A).$$

Dieser Definitionsversuch lässt sich jedoch nicht widerspruchsfrei mit dem exakten mathematischen Grenzwertbegriff vereinbaren:

- Es sind durchaus erhebliche Abweichungen der relativen Häufigkeiten von jeder denkbaren Zahl $P(A)$ möglich, ganz gleich wie groß man die Zahl n der Versuche wählt. Man muss stets mit Ausreißern rechnen.
- Eine unendlich große Anzahl von Versuchen, wie sie bei der Betrachtung des Grenzwertes gefordert wird, ist in der Praxis nicht zu realisieren.

Die gesuchte Wahrscheinlichkeit $P(A)$ lässt sich somit nicht mathematisch exakt als Grenzwert der relativen Häufigkeiten definieren.

Bereits seit dem 17. Jahrhundert befassten sich viele Mathematiker mit den Problemen der Wahrscheinlichkeitsrechnung. Der Stellenwert der Wahrscheinlichkeitsrechnung als exakte mathematische Wissenschaft war dabei umstritten.

Erst der russische Mathematiker **Andrej Kolmogorow** (1903-1984) begründete im Jahr 1933 mit seinem Werk *„Grundbegriffe der Wahrscheinlichkeitsrechnung"* die heutige moderne Wahrscheinlichkeitstheorie als eine exakte mathematische Disziplin.

Andrej Kolmogorow

Kolmogorow umging die geschilderte Schwierigkeit der exakten Festlegung des Wahrscheinlichkeitsbegriffes, indem er eine **axiomatische** Definition wählte:

1. Er forderte die Existenz einer Funktion P, die jedem Ereignis A seine Wahrscheinlichkeit $P(A)$ zuordnet.
2. Er formulierte grundlegende Eigenschaften einer solchen Abbildung in Form von **Axiomen**[1].

Bei der Auswahl der zu fordernden Axiome orientierte sich Kolmogorow an den Eigenschaften der relativen Häufigkeiten. Er versuchte dabei ein möglichst kleines und in sich widerspruchfreies System von Axiomen so zu finden, dass sich alle anderen bekannten Eigenschaften als Folgerungen ergeben.

Kolmogorow fand im Jahr 1933 heraus, dass bereits drei Eigenschaften für ein derartiges Axiomensystem ausreichen.

[1] Ein **Axiom** ist ein zu Grunde gelegter Ausgangssatz, der nicht aus anderen Sätzen hergeleitet werden kann.

Definition 2.2 (Axiomatische Definition des Wahrscheinlichkeitsmaßes)
Sei Ω die Ergebnismenge eines Zufallsexperiments. Eine Funktion, die jedem Ereignis $A \in \wp(\Omega)$ eine reelle Zahl $P(A)$ zuordnet, also die Form

$$P: \wp(\Omega) \to \mathbb{R}, A \mapsto P(A)$$

hat, heißt **Wahrscheinlichkeitsmaß (W-Maß)**, wenn sie die folgenden Eigenschaften besitzt:

(P1) $P(A) \geq 0$ für alle $A \in \wp(\Omega)$ (Nichtnegativität)

(P2) $P(\Omega) = 1$ (Normiertheit)

(P3) $A \cap B = \{\ \} \Rightarrow P(A \cup B) = P(A) + P(B)$ (Additionsregel für unvereinbare Ereignisse)

Die Axiome (P1), (P2) und (P3) bilden das so genannte **Axiomensystem von Kolmogorow**.
Die Zahl $P(A)$ heißt Wahrscheinlichkeit des Ereignisses A[1].

In der Praxis muss man den Ereignissen Zahlen als Wahrscheinlichkeiten zuordnen. Zu einem einzigen Zufallsexperiment sind gemäß dieser axiomatischen Definition viele unterschiedliche Wahrscheinlichkeitsmaße möglich. Mathematisch ist dabei keines gegenüber einem anderen ausgezeichnet.

Will man für ein konkretes Zufallsexperiment ein Wahrscheinlichkeitsmaß festlegen, so können z.B. die relativen Häufigkeiten einen Hinweis für die Festlegung eines W-Maßes liefern.

Aber auch die Anlage des Experiments selbst kann bei der Festlegung berücksichtigt werden. So wird man bei einem idealen Würfel wohl für jede Augenzahl die Wahrscheinlichkeit $\frac{1}{6}$ festlegen.

Welches Maß bei einem Zufallsexperiment das „richtige“ ist, hängt von den physikalischen Gegebenheiten des Zufallsexperiments ab und ist daher ein statistisches Problem.

[1] Das Funktionssymbol P steht als Abkürzung für: probabilitas (lat.) bzw. probabilité (franz.) bzw. probability (engl.), Wahrscheinlichkeit

Beispiel

a) Für das Werfen einer Münze mit der Ergebnismenge $\Omega = \{W, Z\}$ und der Ereignismenge $\wp(\Omega) = \{\{\ \}, \{W\}, \{Z\}, \{W, Z\}\}$ werden folgende Zuordnungen von Wahrscheinlichkeiten betrachtet:

$$P_1 : \begin{cases} \{\ \} \mapsto 0 \\ \{W\} \mapsto 0{,}5 \\ \{Z\} \mapsto 0{,}5 \\ \Omega \mapsto 1 \end{cases} \qquad P_2 : \begin{cases} \{\ \} \mapsto 0 \\ \{W\} \mapsto 0{,}65 \\ \{Z\} \mapsto 0{,}35 \\ \Omega \mapsto 1 \end{cases} \qquad P_3 : \begin{cases} \{\ \} \mapsto 0 \\ \{W\} \mapsto 0{,}65 \\ \{Z\} \mapsto 0{,}4 \\ \Omega \mapsto 1 \end{cases}$$

P_1 und P_2 sind Wahrscheinlichkeitsmaße, wobei P_1 zu einer idealen Münze gehört und P_2 zu einer gezinkten Münze.
P_3 ist dagegen kein Wahrscheinlichkeitsmaß, denn es gilt:

$$1 = P(\Omega) \neq P_3(W) + P_3(Z) = 1{,}05 .$$

b) Wir betrachten die Geburt eines Kindes aus stochastischer Sicht.

Als statistische Werte hat man festgestellt, dass

$$P(\text{„Junge“}) = 0{,}514 \text{ und } P(\text{„Mädchen“}) = 0{,}486$$

gilt.
Wenn man sehr große Bevölkerungsgruppen betrachtet, so stabilisieren sich die Wahrscheinlichkeiten auf die angegebenen Werte.
Betrachtet man dagegen nur kleine Bevölkerungsgruppen (z.B. eine kinderreiche Familie), so kann dann auch $P(\text{„Junge“}) = 0$ sein.

Aufgaben

6. Veranschaulichen Sie das 3. Axiom von Kolmogorow

$$A \cap B = \{\ \} \Rightarrow P(A \cup B) = P(A) + P(B)$$

anhand eines Venn-Diagramms.

7. Für unvereinbare Ereignisse A und B gelte $P(B) = 0{,}55$ und $P(A \cup B) = 0{,}7$. Berechnen Sie die Wahrscheinlichkeit des Ereignisses A.

2.3 Folgerungen aus den Kolmogorow-Axiomen

Die Leistung Kolmogorows bei der Formulierung der Definition des Wahrscheinlichkeitsmaßes bestand darin, dass er erkannte, welche Eigenschaften der relativen Häufigkeiten genügen, um eine in sich widerspruchsfreie Theorie aufzubauen.

Die übrigen Eigenschaften der relativen Häufigkeiten lassen sich aus den Axiomen des Wahrscheinlichkeitsmaßes als Folgerungen gewinnen.

Die Gegenereignisregel

Max und Moritz spielen *Mensch ärgere Dich nicht*. Max hat die schwarzen Steine, Moritz die gelben.

Moritz ist beim nächsten Wurf an der Reihe. Er hofft, die Figur von Max zu schlagen oder zumindest das schwarze Feld zu erreichen.

Für Moritz ist folgendes Ereignis günstig:

$$A = \{2, 4, 5, 6\} \text{ mit } |A| = 4.$$

Für die zugehörige Wahrscheinlichkeit vermutet er: $P(A) = \frac{4}{6} = \frac{2}{3}$.

Max sieht die Situation genau umgekehrt.
Sein Wunsch ist das Ereignis $\overline{A} = \{1, 3\}$ mit $|A| = 2$.

Max vermutet als Wahrscheinlichkeit $P(\overline{A}) = \frac{2}{6} = \frac{1}{3}$.

Für beide Wahrscheinlichkeiten gilt der Zusammenhang:

$$P(\overline{A}) = \frac{1}{3} = 1 - \frac{2}{3} = 1 - P(A).$$

Dieser Zusammenhang für die Wahrscheinlichkeiten von Ereignis und Gegenereignis wird als Gegenereignisregel bezeichnet:

Satz 2.1 (Gegenereignisregel)
Für die Wahrscheinlichkeit eines Ereignisses A und des zugehörigen Gegenereignisses $\overline{A}$ gilt:

$$P(\overline{A}) = 1 - P(A) \text{ oder } P(A) = 1 - P(\overline{A}).$$

Die Gegenereignisregel lässt sich formal aus den Axiomen von Kolmogorow folgern:

Beweis der Gegenereignisregel

Ein Ereignis $A \subset \Omega$ und sein Gegenereignis $\overline{A}$ stellen eine disjunkte Zerlegung von Ω dar:

$$A \cup \overline{A} = \Omega \text{ und } A \cap \overline{A} = \{\ \}.$$

Unter Verwendung der Axiome (P2) und (P3) folgt:

$$1 \underset{(P2)}{=} P(\Omega) = P(A \cup \overline{A}) \underset{(P3)}{=} P(A) + P(\overline{A}).$$

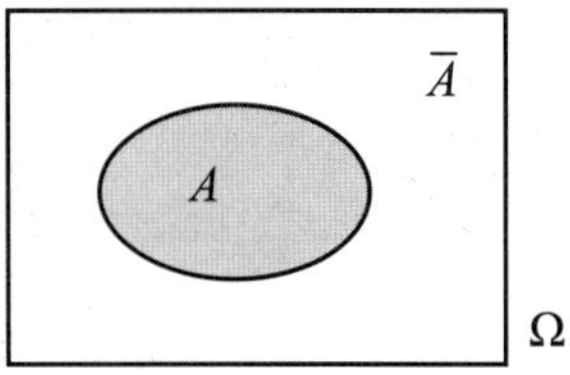

Hieraus ergibt sich die Behauptung $P(\overline{A}) = 1 - P(A)$. □

Die Gegenereignisregel erweist sich bei der Berechung von Wahrscheinlichkeiten als sehr vorteilhaft. In vielen Fällen ist es leichter, zunächst die Wahrscheinlichkeit des Gegenereignisses zu berechnen.

Wahrscheinlichkeit des unmöglichen Ereignisses

Für die Wahrscheinlichkeit des unmöglichen Ereignisses erwartet man $P(\{\ \}) = 0$. Diese Eigenschaft lässt sich direkt aus der Gegenereignisregel folgern, wenn man $A = \{\ \}$ wählt und beachtet, dass dann $\overline{A} = \Omega$ ist:

$$P(\{\ \}) = P(A) = 1 - P(\overline{A}) = 1 - P(\Omega) \underset{(P2)}{=} 1 - 1 = 0.$$

> **Satz 2.2 (Wahrscheinlichkeit des unmöglichen Ereignisses)**
> Die Wahrscheinlichkeit des unmöglichen Ereignisses ist gleich null:
> $$P(\{\ \}) = 0.$$

Die Axiome von Kolmogorow schließen nicht aus, dass es ein Ereignis $A \neq \{\ \}$ geben kann, für das $P(A) = 0$ gilt. Aus $P(A) = 0$ kann also nicht geschlossen werden, dass A das unmögliche Ereignis sein muss.

In (P1) wird $P(A) \geq 0$ für alle $A \in \wp(\Omega)$ gefordert. Wir erwarten aber auch, dass für kein Ereignis A die Wahrscheinlichkeit größer als 1 ist. Lässt sich dies aus den Axiomen folgern?

Es gilt: $P(\Omega) = P(A \cup \overline{A}) \underset{(P2)}{\Leftrightarrow} 1 = P(A \cup \overline{A}) \underset{(P3)}{\Leftrightarrow} 1 = P(A) + P(\overline{A})$

$$\Leftrightarrow P(A) = 1 - \underbrace{P(\overline{A})}_{\substack{\geq 0 \\ \text{gemäß (P3)}}} \leq 1.$$

> **Satz 2.3**
> Für alle Ereignisse A gilt: $P(A) \leq 1$.

Zerlegungsregeln

Das nebenstehende Venn-Diagramm zeigt die Zerlegung des Ereignisses $A \cup B$ in unvereinbare Ereignisse. Daraus lassen sich Vermutungen für die Wahrscheinlichkeiten von $A \cap \overline{B}$ und $\overline{A} \cap B$ ablesen:

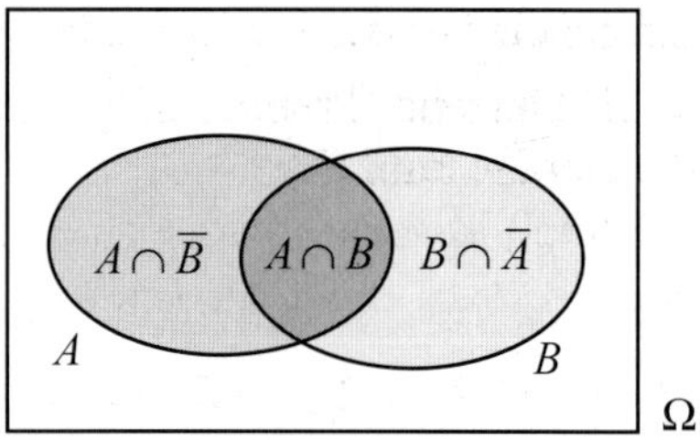

- $P(A \cap \overline{B}) = P(A) - P(A \cap B)$

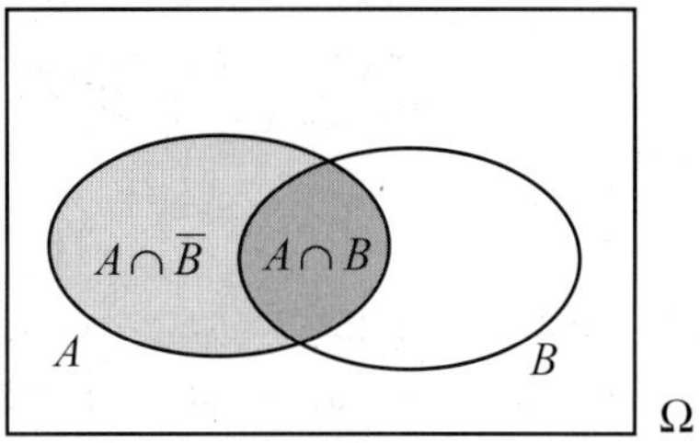

- $P(B \cap \overline{A}) = P(B) - P(A \cap B)$

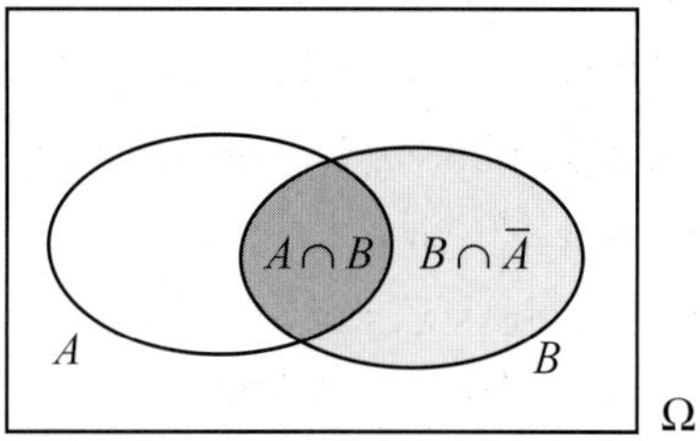

Diese Eigenschaften werden auch unter dem Namen Zerlegungsregeln zusammengefasst.

Satz 2.4 (Zerlegungsregeln)
Für Ereignisse A und B gilt:
(1) $P(A \cap \overline{B}) = P(A) - P(A \cap B)$
(2) $P(B \cap \overline{A}) = P(B) - P(A \cap B)$

Auch die Zerlegungsregeln lassen sich formal aus den Axiomen von Kolmogorow folgern:

Beweis der Zerlegungsregeln

Das Ereignis A lässt sich in zwei unvereinbare Ereignisse zerlegen:
$A = (A \cap \overline{B}) \cup (A \cap B)$ mit $(A \cap \overline{B}) \cap (A \cap B) = \{\ \}$.
Gemäß der Additionsregel für unvereinbare Ereignisse (P3) folgt:
$P(A) = P\big((A \cap \overline{B}) \cup (A \cap B)\big) = P(A \cap \overline{B}) + P(A \cap B)$.

Hieraus folgt wie behauptet: $P(A \cap \overline{B}) = P(A) - P(A \cap B)$.

Der Beweis der zweiten Regel erfolgt analog. □

Additionsregel

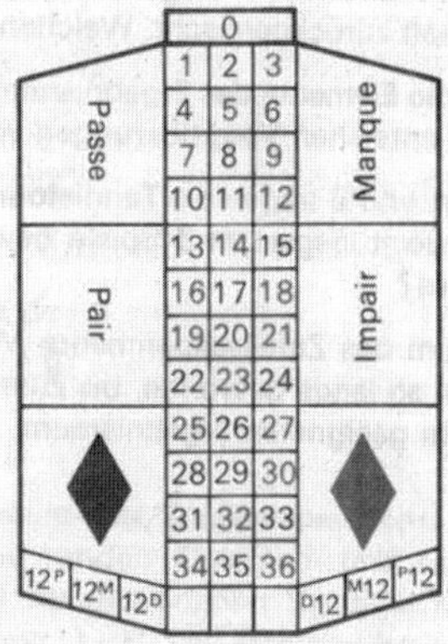

Ein Spieler setzt beim Roulette-Spiel sowohl auf
A: „1. Dutzend (Premier 12^P)" als auch auf
B: „Gerade Zahl (Pair)".
Wie groß ist seine Chance zu gewinnen? Es gilt:

$A=\{1,2,3,\ldots,12\}$ mit $|A|=12$ und

$B=\{2,4,6,\ldots,36\}$ mit $|B|=18$.

Die Ereignisse A und B sind nicht unvereinbar.
Für ihre Schnittmenge gilt:

$A\cap B=\{2,4,6,8,10,12\}$ mit $|A\cap B|=6$.

Für die Mächtigkeit der Vereinigungsmenge folgt:

$|A\cup B|=|A|+|B|-|A\cap B|=12+18-6=24$.

$|A\cap B|$ muss subtrahiert werden, da die Elemente der Schnittmenge sowohl bei $|A|$ als auch bei $|B|$ mitgezählt werden. Da es beim Roulette insgesamt 37 mögliche Ergebnisse gibt und man davon ausgehen kann, dass sie alle gleichwahrscheinlich sind, kommt man zu folgender Vermutung über die zugehörigen Wahrscheinlichkeiten:

$$P(A\cup B)=\frac{12}{37}+\frac{18}{37}-\frac{6}{37}=P(A)+P(B)-P(A\cap B).$$

Diese Eigenschaft wird als Additionsregel bezeichnet und kann allgemein aus den Axiomen von Kolmogorow gefolgert werden:

Satz 2.5 (Additionsregel)
Die Wahrscheinlichkeit, dass von zwei Ereignissen A und B mindestens eines eintritt, ist:

$$P(A\cup B)=P(A)+P(B)-P(A\cap B).$$

Beweis der Additionsregel

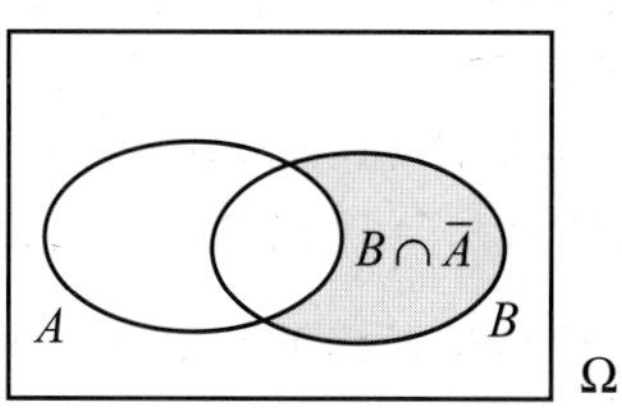

$A\cup B$ kann in unvereinbare Ereignisse zerlegt werden:

$A\cup B=A\cup(B\cap\bar{A})$ mit $A\cap(B\cap\bar{A})=\{\ \}$.

Aus Axiom (P3) folgt dann:

$P(A\cup B)=P(A)+P(B\cap\bar{A})$.

Durch Anwendung der Zerlegungsregel ergibt sich dann:

$$P(A\cup B)=P(A)+\underbrace{P(B\cap\bar{A})}_{\substack{=P(B)-P(A\cap B)\\ \text{gem. Zerlegungsregel}}}=P(A)+P(B)-P(A\cap B).\quad\square$$

Diese Regel stellt eine Verallgemeinerung des Axioms (P3) dar und gilt auch für Ereignisse, die unvereinbar sind, denn dann ist $P(A\cap B)=0$.

Elementarereignisregel

Jedes Ereignis $A = \{\omega_1, \omega_2, \ldots, \omega_n\} \subset \Omega$ lässt sich darstellen als Vereinigung der entsprechenden Elementarereignisse:

$$A = \{\omega_1\} \cup \{\omega_2\} \cup \ldots \cup \{\omega_n\}.$$

Die einzelnen Elementarereignisse sind paarweise unvereinbar, d.h. für $i \neq j$ gilt $\{\omega_i\} \neq \{\omega_j\}$. Durch mehrfache Anwendung des Axioms (P3) folgt:

$$P(A) = P(\{\omega_1\} \cup \{\omega_2\} \cup \ldots \cup \{\omega_n\}) = P(\{\omega_1\}) + P(\{\omega_2\}) + \ldots + P(\{\omega_n\}).$$

Die Wahrscheinlichkeit eines Ereignisses A lässt sich somit als Summe der Wahrscheinlichkeiten der Elementarereignisse berechnen, aus denen sich das Ereignis A zusammensetzt. Vielfach verwendet man für diesen Sachverhalt auch die folgende abkürzenden Schreibweise mithilfe des Summenzeichens:

$$P(A) = P(\{\omega_1\}) + P(\{\omega_2\}) + \ldots + P(\{\omega_n\}) = \sum_{\omega_i \in A} P(\{\omega_i\}).$$

Satz 2.6 (Elementarereignisregel)
Die Wahrscheinlichkeit eines Ereignisses $A = \{\omega_1, \omega_2, \ldots, \omega_n\}$ ergibt sich als Summe der Wahrscheinlichkeiten der Elementarereignisse, aus denen sich das Ereignis A zusammensetzt.

$$P(A) = P(\{\omega_1\}) + P(\{\omega_2\}) + \ldots + P(\{\omega_n\}) = \sum_{\omega_i \in A} P(\{\omega_i\}).$$

Folgerungen aus den Axiomen im Überblick

Aus den Axiomen von Kolmogorow lassen sich Eigenschaften eines Wahrscheinlichkeitsmaßes folgern. Sie sind noch einmal im Zusammenhang aufgelistet:

Satz 2.7 (Eigenschaften des Wahrscheinlichkeitsmaßes)
Für alle Ereignisse $A, B \in \wp(\Omega)$ gilt:

(1) $0 \leq P(A) \leq 1$

(2) $P(\overline{A}) = 1 - P(A)$ (Gegenereignisregel)

(3) $P(\{\ \}) = 0$ (Wahrscheinlichkeit des unmöglichen Ereignisses)

(4) $P(A \cap \overline{B}) = P(A) - P(A \cap B)$ (Zerlegungsregel)

(5) $P(A \cup B) = P(A) + P(B) - P(A \cap B)$ (Summenregel)

(6) $P(A) = \sum_{\omega_i \in A} P(\{\omega_i\})$ (Elementarereignisregel)

Aufgaben

8. Ist es möglich, ein Wahrscheinlichkeitsmaß P auf $\wp(\Omega)$ derart zu definieren, dass für Ereignisse A und B gilt:

   a) $P(A) = 0{,}9$, $P(B) = 0{,}03$ und $P(A \cap B) = 0{,}2$?

   b) $P(A) = 0{,}9$, $P(B) = 0{,}2$ und $P(A \cap B) = 0{,}03$?

9. Gegeben sind Ereignisse A und B mit Wahrscheinlichkeiten $P(A \cup B) = \frac{3}{4}$,

   $P(A) = \frac{1}{3}$ und $P(A \cap B) = \frac{1}{4}$.

   Berechnen Sie: $P(\overline{A})$, $P(B)$ und $P(A \cap \overline{B})$.

10. Eine Untersuchung für ein deutsches Bundesland hat ergeben:
    - 20 % der Haushalte besitzen einen Hund.
    - 25 % der Haushalte besitzen eine Katze.
    - 10 % der Haushalte besitzen einen Hund und eine Katze.

    Berechnen Sie für einen per Zufall ausgewählten Haushalt dieses Bundeslandes die Wahrscheinlichkeiten für folgende Ereignisse:

    a) Der Haushalt besitzt einen Hund, aber keine Katze.

    b) Der Haushalt besitzt einen Hund oder eine Katze.

    c) Der Haushalt besitzt weder einen Hund noch eine Katze.

    d) Der Haushalt besitzt entweder einen Hund oder eine Katze.

11. Eine Lotterie enthält 18 000 Lose in den Farben Rot, Grün und Gelb. Die Wahrscheinlichkeit, ein rotes Los zu ziehen, beträgt 0,2. Für ein nichtgelbes Los ist die Wahrscheinlichkeit 0,75. Wie viele Lose gibt es von jeder Sorte?

2.4 Arbeiten mit der Vierfeldertafel

Bei der Berechnung der Wahrscheinlichkeiten von Ereignissen ist es oft zweckmäßig, sich die entsprechenden Wahrscheinlichkeiten zu veranschaulichen. Dies kann mit einem Venn-Diagramm oder aber auch mit einer Vierfeldertafel erfolgen.

<table>
<tr><th>Ereignis</th><th>Venn-Diagramm</th><th>Vierfeldertafel</th></tr>
<tr><td>$A \cap B$</td><td>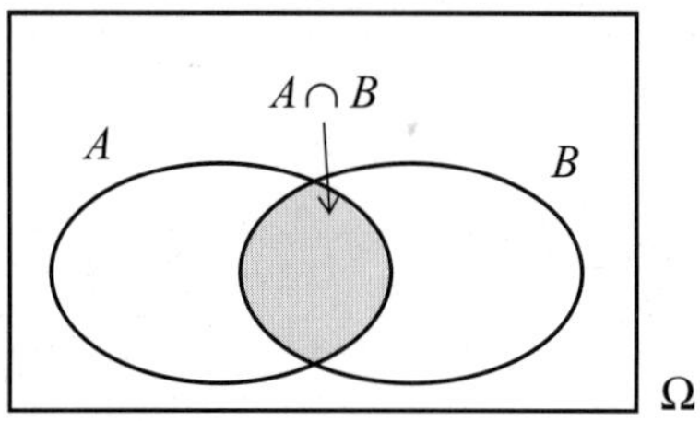
</td><td>
<table>
<tr><td></td><td>B</td><td>$\overline{B}$</td></tr>
<tr><td>A</td><td>$A \cap B$</td><td></td></tr>
<tr><td>$\overline{A}$</td><td></td><td></td></tr>
</table></td></tr>
<tr><td>$A \cup B$</td><td>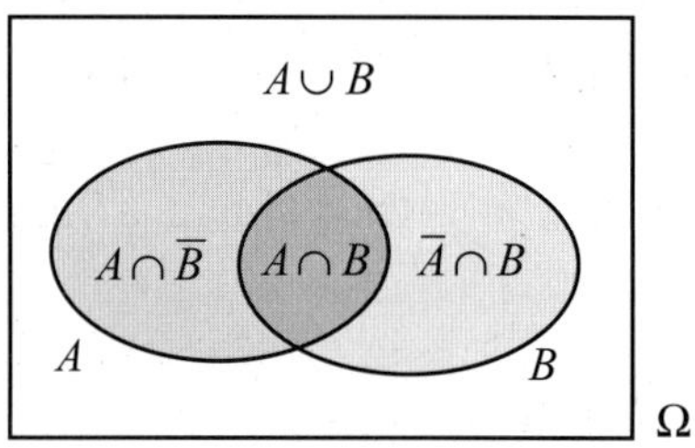
</td><td>
<table>
<tr><td></td><td>B</td><td>$\overline{B}$</td></tr>
<tr><td>A</td><td>$A \cap B$</td><td>$A \cap \overline{B}$</td></tr>
<tr><td>$\overline{A}$</td><td>$\overline{A} \cap B$</td><td></td></tr>
</table></td></tr>
</table>

Beim Arbeiten mit einer Vierfeldertafel trägt man im Innern und an den Rändern die entsprechenden Wahrscheinlichkeiten so ein, wie dies in der folgenden Abbildung dargestellt ist.

	B	$\overline{B}$	
A	$P(A \cap B) = p_1$	$P(A \cap \overline{B}) = p_2$	$P(A) = p_1 + p_2$
$\overline{A}$	$P(\overline{A} \cap B) = p_3$	$P(\overline{A} \cap \overline{B}) = p_4$	$P(\overline{A}) = p_3 + p_4$
	$P(B) = p_1 + p_3$	$P(\overline{B}) = p_2 + p_4$	1

- An den Rändern stehen die Summen der Wahrscheinlichkeiten von A und $\overline{A}$ sowie von B und $\overline{B}$.
- Die Summe der Wahrscheinlichkeiten in der unteren Randzeile und in der rechten Randspalte ergibt 1.

Das Aufstellen einer Vierfeldertafel soll auf der nächsten Seite an einem Beispiel erläutert werden.

Beispiel

Ein elektrisches Gerät besteht aus zwei Bauteilen. Bauteil A fällt mit der Wahrscheinlichkeit 0,1 aus, Bauteil B mit der Wahrscheinlichkeit 0,05. Die Wahrscheinlichkeit, dass beide Bauteile gemeinsam ausfallen, beträgt 0,01.

Verwendet man die Abkürzungen

A: „Bauteil A fällt aus." und

B: „Bauteil B fällt aus.",

so gilt:

$P(A) = 0{,}1$; $P(B) = 0{,}05$ und $P(A \cap B) = 0{,}01$.

Diese gegebenen Werte sind in der Vierfeldertafel ① bereits fett eingetragen.

①	B	$\overline{B}$	
A	**0,01**		**0,1**
$\overline{A}$			
	0,05		

Die Tafel kann dann gemäß der genannten Vorschriften zur vollständigen Vierfeldertafel ② ergänzt werden.

Dabei sind die ergänzten Wahrscheinlichkeiten zum besseren Vergleich kursiv gedruckt.

②	B	$\overline{B}$	
A	**0,01**	*0,09*	**0,1**
$\overline{A}$	*0,04*	*0,86*	*0,9*
	0,05	*0,95*	*1*

Mithilfe der vollständigen Tafel lassen sich folgende Fragestellungen sehr einfach lösen:

- Mit welcher Wahrscheinlichkeit fällt mindestens eins der Bauteile aus?
  Gesucht ist die Wahrscheinlichkeit $P(A \cup B)$.
  Es gilt: $P(A \cup B) = 0{,}01 + 0{,}09 + 0{,}04 = 1 - 0{,}86 = 0{,}14$.
- Mit welcher Wahrscheinlichkeit fällt genau eins der Bauteile aus?
  Gesucht ist die Wahrscheinlichkeit $P\big((A \cap \overline{B}) \cup (\overline{A} \cap B)\big)$.
  Es gilt:
  $$P\big((A \cap \overline{B}) \cup (\overline{A} \cap B)\big) = P(A \cap \overline{B}) + P(\overline{A} \cap B) = 0{,}09 + 0{,}04 = 0{,}13.$$

Aufgaben

12. Vervollständigen Sie die nebenstehende Vierfeldertafel.
    Berechnen Sie mithilfe der vollständigen Vierfeldertafel die folgenden Wahrscheinlichkeiten:

	B	$\overline{B}$	
A	0,1	0,15	0,25
$\overline{A}$	0,25	0,5	0,75
	0,35	0,65	1

a) $P(A \cup B)$ b) $P(\overline{A \cap B})$ c) $P(\overline{A} \cup \overline{B})$

13. Vervollständigen Sie die nebenstehende Vierfeldertafel.

	B	$\overline{B}$	
A	0,3		
$\overline{A}$			0,6
	0,7		

Berechnen Sie mithilfe der vollständigen Vierfeldertafel die Wahrscheinlichkeiten folgender Ereignisse:

a) Nur A tritt ein.

b) Weder A noch B tritt ein.

c) Mindestens eines der Ereignisse A oder B tritt ein.

14. Gegeben ist ein Zufallsexperiment mit der Ergebnismenge Ω und einem Wahrscheinlichkeitsmaß P. Ferner sind zwei Ereignisse A und B gegeben und dabei folgende Wahrscheinlichkeiten bekannt:

$$P(A)=0{,}4 \quad , \quad P(B)=0{,}3 \quad \text{und} \quad P(A\cap B)=0{,}1 .$$

Berechnen Sie die Wahrscheinlichkeiten für die nachfolgenden Ereignisse:

a) Das Ereignis A tritt nicht ein.

b) Mindestens eines der beiden Ereignisse A oder B tritt ein.

c) Höchstens eines der beiden Ereignisse tritt ein.

d) Keines der beiden Ereignisse tritt ein.

e) A tritt nicht ein und B tritt ein.

f) Genau eines der beiden Ereignisse tritt ein.

2.5 Wahrscheinlichkeitsverteilung

Durch die Axiome von Kolmogorow werden lediglich strukturelle Eigenschaften des Wahrscheinlichkeitsmaßes festgelegt. Sie legen quasi die Spielregeln für die Zuordnung der Wahrscheinlichkeiten fest, machen aber keine Aussage darüber, wie bei einem konkreten Zufallsexperiment ihre Festlegung zu erfolgen hat.
Bei der Festlegung eines Wahrscheinlichkeitsmaßes für ein Zufallsexperiment kann man sich in der Praxis an den relativen Häufigkeiten orientieren. Sie dienen als Schätzwerte für die Wahrscheinlichkeiten. Eventuell muss die Festlegung aber nachkorrigiert werden.

Man kann sich dabei darauf beschränken, die Wahrscheinlichkeiten für die einzelnen Elementarereignisse festzulegen, wenn man folgende Regeln beachtet:

1. Die Wahrscheinlichkeiten aller Elementarereignisse sind positiv oder null.
2. Die Summe der Wahrscheinlichkeiten aller Elementarereignisse ergibt 1.

Satz 2.8 (Wahrscheinlichkeitsverteilung)
Es sei $\Omega = \{\omega_1, \omega_2, \ldots, \omega_n\}$ die Ergebnismenge eines Zufallsexperiments.

Eine Funktion P auf $\wp(\Omega)$ heißt **Wahrscheinlichkeitsverteilung**, wenn sie jedem Elementarereignis $\{\omega\}$ eine Zahl $P(\{\omega\})$ so zuordnet, dass dabei gilt:

(1) Die Wahrscheinlichkeit jedes Elementarereignisses ist eine nichtnegative Zahl, d.h. für alle $\{\omega\} \in \wp(\Omega)$ gilt $P(\{\omega\}) \geq 0$.

(2) Die Summe der Wahrscheinlichkeiten aller Elementarereignisse ist 1, d.h.
$$P(\{\omega_1\}) + P(\{\omega_2\}) + \ldots + P(\{\omega_n\}) = 1.$$

(3) Die Wahrscheinlichkeit eines beliebigen Ereignisses A ist die Summe der Wahrscheinlichkeiten seiner Elementarereignisse.

Durch die Forderung (3) wird die Funktion P von den Elementarereignissen auf ein beliebiges Ereignis A fortgesetzt.
Man kann nachweisen, dass jede Wahrscheinlichkeitsverteilung die Axiome (P1) bis (P3) erfüllt und somit ein Wahrscheinlichkeitsmaß nach Kolmogorow festlegt. Darauf wollen wir aber hier verzichten.
Für das Werfen eines Würfels kann eine Wahrscheinlichkeitsverteilung auf folgende Arten festgelegt werden:

Würfel 1

$\{\omega\}$	$\{1\}$	$\{2\}$	$\{3\}$	$\{4\}$	$\{5\}$	$\{6\}$
$P(\{\omega\})$	$\frac{1}{6}$	$\frac{1}{6}$	$\frac{1}{6}$	$\frac{1}{6}$	$\frac{1}{6}$	$\frac{1}{6}$

Würfel 2

$\{\omega\}$	$\{1\}$	$\{2\}$	$\{3\}$	$\{4\}$	$\{5\}$	$\{6\}$
$P(\{\omega\})$	0,16	0,20	0,17	0,13	0,18	0,16

Durch beide Tabellen ist eine zulässige Wahrscheinlichkeitsverteilung gegeben. Während es sich im ersten Fall um einen idealen Würfel handelt, ist der zweite Würfel unregelmäßig (gezinkt).

Aufgaben

15. Für einen gezinkten Würfel findet man die folgende W-Verteilung:

$\{\omega\}$	$\{1\}$	$\{2\}$	$\{3\}$	$\{4\}$	$\{5\}$	$\{6\}$
$P(\{\omega\})$	0,25	0,35	0,18	0,15	0,05	0,02

Bestimmen Sie die Wahrscheinlichkeit folgender Ereignisse:

a) A: „Die Augenzahl ist gerade."

b) B: „Die Augenzahl ist größer als 4."

c) C: „Die Augenzahl ist durch 3 teilbar."

16. Gegeben sind ein Zufallsexperiment mit $\Omega = \{\omega_1, \omega_2, \omega_3, \omega_4\}$ und Funktionen der Form $P : \{\{\omega_1\}, \{\omega_2\}, \{\omega_3\}, \{\omega_4\}\} \to \mathbb{R}$.

Welche der folgenden Tabellen legen Wahrscheinlichkeitsverteilungen fest? Begründen Sie Ihr Ergebnis.

a)

$\{\omega_i\}$	$\{\omega_1\}$	$\{\omega_2\}$	$\{\omega_3\}$	$\{\omega_4\}$
$P(\{\omega_i\})$	0,35	0,25	0,18	0,12

b)

$\{\omega_i\}$	$\{\omega_1\}$	$\{\omega_2\}$	$\{\omega_3\}$	$\{\omega_4\}$
$P(\{\omega_i\})$	$\frac{2}{7}$	$\frac{5}{21}$	$\frac{1}{7}$	$\frac{1}{3}$

c)

$\{\omega_i\}$	$\{\omega_1\}$	$\{\omega_2\}$	$\{\omega_3\}$	$\{\omega_4\}$
$P(\{\omega_i\})$	0,4	0,5	0,3	$-0{,}2$

d)

$\{\omega_i\}$	$\{\omega_1\}$	$\{\omega_2\}$	$\{\omega_3\}$	$\{\omega_4\}$
$P(\{\omega_i\})$	0	$\frac{1}{3}$	$\frac{1}{3}$	$\frac{1}{3}$

17. Geben Sie zu folgenden Zufallsexperimenten eine geeignete Ergebnismenge an und bestimmen Sie eine sinnvolle Wahrscheinlichkeitsverteilung.

a) Werfen eines idealen Würfels.

b) Ziehen einer Kugel aus einer Urne mit 4 roten, 6 schwarzen und 8 weißen Kugeln.

c) Zweimaliges Werfen einer idealen Münze.

d) Drehen eines Glücksrades, das in fünf Sektoren zu $45°$, $45°$, $60°$, $90°$ und $120°$ eingeteilt ist. Fertigen Sie auch eine Zeichnung an.

18. Geben Sie ein konkretes Zufallsexperiment mit $\Omega = \{1, 2, 3, 4, 5\}$ an, welches sich mit dem folgenden mathematischen Modell beschreiben lässt:

$\{\omega\}$	$\{1\}$	$\{2\}$	$\{3\}$	$\{4\}$	$\{5\}$
$P(\{\omega\})$	0,25	0,25	0,2	0,2	0,1

19. In einer Urne befinden sich 25 Kugeln: 6 rote, 8 schwarze sowie 11 weiße. Eine Kugel wird gezogen und ihre Farbe festgestellt.
    a) Geben Sie eine sinnvolle Wahrscheinlichkeitsverteilung an.
    b) Berechnen Sie die Wahrscheinlichkeit aller Ereignisse.

20. Ein gezinkter Würfel wird geworfen und es wird jeweils die Augenzahl festgestellt. Mittels langer Serien ergibt sich die folgende W-Verteilung:

$\{\omega\}$	$\{1\}$	$\{2\}$	$\{3\}$	$\{4\}$	$\{5\}$	$\{6\}$
$P(\{\omega\})$	0,25	0,35	0,18	0,15	0,05	0,02

    a) Bestätigen Sie, dass eine Wahrscheinlichkeitsverteilung gegeben ist.
    b) Tim und Tom machen aus dem Zufallsexperiment ein Glücksspiel: Tim gewinnt 10€, falls eine ungerade Augenzahl gewürfelt wird, andernfalls gewinnt Tom 10€. Ist das Spiel fair?

21. Die beiden gleich starken Fußballvereine einer Stadt, Kickers und Borussia, tragen einmal im Jahr die Stadtmeisterschaft unter sich aus. Da das Spiel bei unentschiedenem Spielstand nach Ablauf der regulären Spielzeit verlängert wird, ist nur in 1/12 aller Fälle ein Wiederholungsspiel notwendig.
    a) Geben Sie die Ergebnismenge und die Wahrscheinlichkeiten der Elementarereignisse an.
    b) Wie groß ist die Wahrscheinlichkeit, dass die Kickers nicht verlieren?

22. Es wird folgendes Glücksspiel betrachtet: Tom und Jerry werfen je einen (idealen) Würfel. Tom gewinnt 5€, wenn die Summe der Augenzahlen 2, 3, 4, 5 oder 6 ist; Jerry gewinnt bei den Augensummen 7, 8, 9, 10, 11; bei der Augensumme 12 zahlt niemand. Untersuchen Sie, ob die Spielregel fair ist.

23. Zwei Männer M_1 und M_2 und drei Frauen F_1, F_2 und F_3 tragen ein Schachturnier aus. Spieler des gleichen Geschlechts haben die gleichen Gewinnchancen. Jeder der Männer besitzt im Vergleich zu einer Frau die doppelte Spielstärke.
    a) Berechnen Sie die Wahrscheinlichkeit, dass eine Frau das Turnier gewinnt.
    b) M_1 und F_1 sind verheiratet. Berechnen Sie die Wahrscheinlichkeit, dass ein Ehepartner das Turnier gewinnt.

2.6 Klassischer Wahrscheinlichkeitsbegriff

Das wesentliche Merkmal eines Zufallsexperiments ist, dass man vor seiner Durchführung nicht weiß, welches der möglichen Ergebnisse eintreten wird. Ist A ein bestimmtes Ereignis, so kann man nicht mit Sicherheit sagen, ob es eintreten wird oder nicht. Deshalb erscheint es sinnvoll, dem Ereignis A eine Zahl $P(A)$ zuzuordnen, die ein Maß dafür ist, wie stark mit dem Eintreten von A zu rechnen ist. Man bezeichnet $P(A)$ als Wahrscheinlichkeit des Ereignisses A.

Es stellt sich dabei die entscheidende Frage:
Wie findet man zu einem Ereignis A die zugehörige Wahrscheinlichkeit $P(A)$?

Im vorangehenden Abschnitt wurde festgestellt, dass sich bei Zufallsexperimenten die relative Häufigkeit eines Ereignisses stabilisiert, wenn man die Anzahl der Versuche groß wählt. Es scheint sinnvoll, dem Ereignis diesen stabilen Wert als Wahrscheinlichkeit zuzuordnen.
In der Praxis wäre es wünschenswert, wenn man die bei einer Stabilisierung zu erwartende relative Häufigkeit bestimmen könnte, ohne dass man zuvor über viele Versuche die relativen Häufigkeiten ermitteln und vergleichen müsste.

In einem einfachen, aber sehr wichtigen Modell der Wahrscheinlichkeitsrechnung ist dies möglich. Dieses Modell geht auf den französischen Mathematiker **Pierre Simon de Laplace** (1749-1827) zurück.

2.6.1 Laplace-Experimente

Laplace betrachtete in seinem Modell Zufallsexperimente, bei denen alle Elementarereignisse gleichwahrscheinlich sind.

Beispiel 1

a) ZE: «Ein Würfel wird geworfen und es wird die Augenzahl festgestellt.»
Ergebnismenge: $\Omega = \{1, 2, 3, 4, 5, 6\}$

Wahrscheinlichkeitsverteilung:

$\{\omega\}$	$\{1\}$	$\{2\}$	$\{3\}$	$\{4\}$	$\{5\}$	$\{6\}$
$P(\{\omega\})$	$\frac{1}{6}$	$\frac{1}{6}$	$\frac{1}{6}$	$\frac{1}{6}$	$\frac{1}{6}$	$\frac{1}{6}$

b) ZE: «Werfen einer idealen Münze und Feststellen, ob Wappen oder Zahl fällt»
Ergebnismenge: $\Omega = \{W, Z\}$

Wahrscheinlichkeitsverteilung:

$\{\omega\}$	$\{W\}$	$\{Z\}$
$P(\{\omega\})$	$\frac{1}{2}$	$\frac{1}{2}$

Solchen einfachen Zufallsexperimenten gibt man einen eigenen Namen.

Definition 2.3 (Laplace-Experiment)
Ein Zufallsexperiment heißt **Laplace-Experiment (LE)**, wenn alle Elementarereignisse gleichwahrscheinlich sind.

Nachfolgend ist ein weiteres Beispiel für ein Laplace-Experiment sowie auch ein Gegenbeispiel angegeben.

Beispiel 2

ZE: «Drehen eines Glücksrades» ; Ergebnismenge: $\Omega = \{1, 2, 3, 4\}$

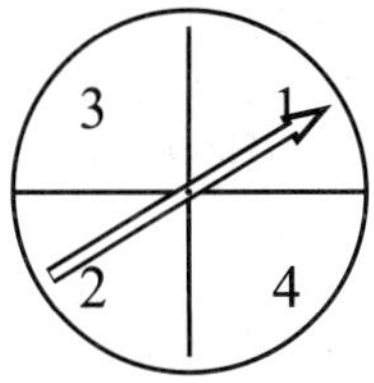

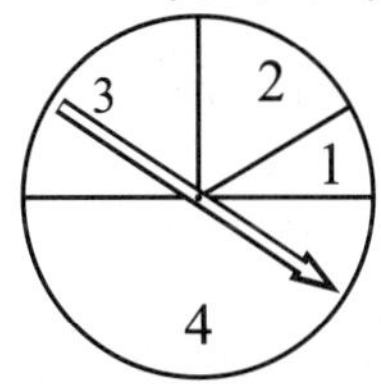

Zuordnung der Wahrscheinlichkeiten

$\{\omega\}$	$\{1\}$	$\{2\}$	$\{3\}$	$\{4\}$
$P(\{\omega\})$	$\frac{1}{4}$	$\frac{1}{4}$	$\frac{1}{4}$	$\frac{1}{4}$

Alle Elementarereignisse sind gleichwahrscheinlich (LE).

$\{\omega\}$	$\{1\}$	$\{2\}$	$\{3\}$	$\{4\}$
$P(\{\omega\})$	$\frac{1}{12}$	$\frac{1}{6}$	$\frac{1}{4}$	$\frac{1}{2}$

Die Elementarereignisse sind nicht gleichwahrscheinlich (kein LE).

Aufgaben

24. Bei welchem Zufallsexperiment handelt es sich um ein Laplace-Experiment oder wenigstens näherungsweise um ein solches?

    Man wählt aus der Einwohnerdatei einer Stadt zufällig eine Person aus und

    a) stellt ihr Geschlecht fest,

    b) stellt fest, ob sie volljährig ist,

    c) stellt fest, in welchem Monat sie geboren ist,

    d) stellt fest, an welchem Wochentag sie dieses Jahr Geburtstag hat,

    e) stellt ihre Nationalität fest.

25. Welche der Zufallsexperimente sind Laplace-Experimente?

    a) In einer Urne liegen eine rote und eine schwarze Kugel. Es wird zweimal eine Kugel mit Zurücklegen gezogen.

    b) Drehen eines Glücksrades mit drei Sektoren zu 110°, 140°, 110°

    c) Ziehung der Lottozahlen

Pierre Simon de Laplace

Pierre Simon de Laplace wurde am 28. März 1749 als Sohn eines Landwirtes in Beaumont-en-Auge geboren. 1765 trat er in ein Jesuiten-Kolleg in Caen ein. Dort begegnete er zwei offenbar geschickten Mathematiklehrern, die das Interesse des begabten Schülers für ihr Fachgebiet weckten, so dass Laplace infolge rascher Fortschritte alsbald weniger ihr Schüler, als vielmehr ihr Freund war. Mit einem Empfehlungsbrief an **Rond d'Alembert**[1] schickten sie ihn 1768 nach Paris.

Seine ersten wissenschaftlichen Publikationen erschienen zwischen 1766 und 1769 in den „Miscellanea Taurinensia“ der Turiner Akademie. Er befasste sich darin mit Problemen der Wahrscheinlichkeitsrechnung. Dem gleichen Themenkomplex widmete Laplace in den folgenden Jahren eine ganze Reihe von Arbeiten, in denen er an die Brüder **Bernoulli**[2], an **Abraham de Moivre**[3], an **Thomas Bayes**[4] und an Rond d'Alembert anknüpfte. 1771 wurde er Lehrer an der Pariser Militärakademie, wo auch Napoleon I. zu seinen Schülern zählte.

Pierre Simon de Laplace

1773 wurde er Mitglied der Pariser Akademie und hatte somit eine relativ sichere Stellung erworben. Im Jahre 1794 wurde er zum Professor für Mathematik an der **Ecole Polytechnique**[5] berufen. Im selben Jahr wurde er Vorsitzender der Kommission für Maße und Gewichte. 1799 wurde er Minister des Inneren, danach Senator. 1812 erschien seine „Théorie analytique des probabilités“ (Analytische Theorie der Wahrscheinlichkeiten). In dieser Zusammenfassung über das bisherige Wissen in der Wahrscheinlichkeitsrechnung war auch das von **Jakob Bernoulli** entdeckte Gesetz der großen Zahlen.

Laplace war nicht nur Mathematiker, sondern darüber hinaus auch Physiker, für den die Mathematik oft Mittel zum Zweck war. Zwar stellt die 1799 erschienene „Mécanique celeste“ (Himmelsmechanik) der äußeren Form nach ein mathematisches Werk dar, doch beinhaltet es im Grunde naturwissenschaftliche Fragestellungen. Sein Ziel bestand darin, jede Naturerscheinung mit den strengen Regeln der Mathematik erklärbar zu machen.

Am 5. März 1827 starb Laplace in Paris.

[1] Rond d'Alembert (1717-1783), franz. Mathematiker

[2] Jakob (1654-1705), Johann (1667-1748) und Daniel (1700-1782) Bernoulli, Mitglieder einer berühmten Mathematikerfamilie aus Basel (Schweiz)

[3] Abraham de Moivre (1667-1754), franz. Philosoph, Mathematiker und Physiker

[4] Thomas Bayes (1702-1764), engl. Mathematiker

[5] Ecole Polytechnique, berühmte franz. Hochschule

2.6.2 Berechnung von Laplace-Wahrscheinlichkeiten

Aufgrund der Definition eines Laplace-Experiments ergibt sich die W-Verteilung und daraus das W-Maß. Für ein Laplace-Experiment mit der n-elementigen Ergebnismenge $\Omega = \{\omega_1, \omega_2, \ldots, \omega_n\}$ (mit $|\Omega| = n$) gilt:

$$P(\Omega) = P(\{\omega_1\} \cup \{\omega_2\} \cup \ldots \cup \{\omega_n\}) = P(\{\omega_1\}) + P(\{\omega_2\}) + \ldots + P(\{\omega_n\}) = 1.$$

Da alle Elementarereignisse gleich wahrscheinlich sind gilt:

$$P(\{\omega_i\}) = p \quad (\text{für } i = 1, 2, \ldots, n).$$

Eingesetzt in obige Gleichung ergibt: $\underbrace{p + p + \ldots + p}_{n \text{ Summanden}} = n \cdot p = 1$ und somit:

$$p = P(\{\omega_i\}) = \frac{1}{n} = \frac{1}{|\Omega|} \quad (\text{für } i = 1, 2, \ldots, n).$$

Ein beliebiges Ereignis A besteht aus einer bestimmten Anzahl von Elementarereignissen. Gilt $|A| = k \le n$, so folgt für die Wahrscheinlichkeit von A:

$$p = P(A) = \underbrace{\frac{1}{n} + \frac{1}{n} + \ldots + \frac{1}{n}}_{k \text{ Summanden}} = k \cdot \frac{1}{n} = |A| \cdot \frac{1}{|\Omega|} = \frac{|A|}{|\Omega|}.$$

Wahrscheinlichkeiten, die aufgrund dieser Laplace-Annahme berechnet werden, nennt man **Laplace-Wahrscheinlichkeiten** oder auch **klassische Wahrscheinlichkeiten**.

Satz 2.9 (Laplace-Formel))

Es sei $\Omega = \{\omega_1, \omega_2, \ldots, \omega_n\}$ die Ergebnismenge eines Laplace-Experiments und $A \in \wp(\Omega)$ ein Ereignis. Dann gilt:

$$P(A) = \frac{|A|}{|\Omega|} = \frac{\text{Anzahl der für } A \text{ günstigen Ergebnisse}}{\text{Anzahl der möglichen Ergebnisse}}.$$

Speziell gilt für die Elementarereignisse $\{\omega\}$:

$$P(\{\omega\}) = \frac{1}{|\Omega|} = \frac{1}{n}.$$

Beispiel 1

Das nebenstehende Glücksrad wird einmal gedreht.

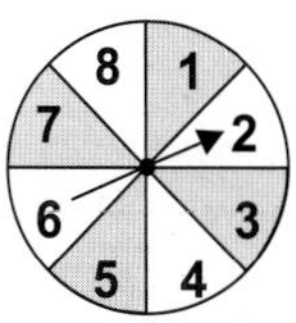

Für die Ergebnismenge gilt $\Omega = \{1, 2, \ldots, 8\}$ mit $|\Omega| = 8$.

Betrachtet wird das Ereignis A: „Es erscheint eine Primzahl."

Es gilt $A = \{2, 3, 5, 7\}$ mit $|A| = 4$.

Nach der Laplace-Formel erhält man: $P(A) = \frac{|A|}{|\Omega|} = \frac{4}{8} = \frac{1}{2} = 50\,\%$.

Beispiel 2

Wir betrachten das Zufallsexperiment «Werfen zweier unterscheidbarer Würfel und Feststellen der Augensumme».

Für die Ergebnismenge gilt $\Omega = \{2, 3, \ldots, 12\}$.

Es liegt kein Laplace-Experiment vor, denn so sind z.B. die Wahrscheinlichkeiten für die Elementarereignisse

A: „Augensumme 2“ und B: „Augensumme 7“

sicherlich verschieden, denn A tritt nur ein, wenn beide Würfel 1 zeigen, wohingegen B in mehreren Fällen eintritt.

Bei diesem Experiment lässt sich aber Gleichverteilung und damit die Anwendbarkeit der Laplace-Formel dadurch herstellen, dass man die Ergebnismenge verfeinert und anstelle von Ω die Menge

$$\Omega_0 = \{(1|1), (1|2), \ldots, (2|1), \ldots, (6|4), (6|5), (6|6)\}$$

betrachtet.

Dann gilt:

$A = \{(1|1)\}$ mit $|A| = 1$ sowie

$B = \{(1|6), (2|5), (3|4), (4|3), (5|2), (6|1)\}$ mit $|B| = 6$.

Damit ergeben sich nach der Laplace-Formel die Wahrscheinlichkeiten

$P(A) = \frac{1}{36}$ und $P(B) = \frac{6}{36}$.

Aufgaben

26. Bestimmen Sie die Wahrscheinlichkeit, dass eine zufällig ausgewählte Person, die nicht in einem Schaltjahr geboren ist,
    a) am 11. November Geburtstag hat,
    b) an einem Monatsersten Geburtstag hat,
    c) im April Geburtstag hat,
    d) im Mai oder Juni Geburtstag hat.

27. Beim Zahlenlotto „6 aus 49“ muss man von den Zahlen 1 bis 49 sechs ankreuzen. Herr Müller hat die Zahlen 3, 5, 9, 17, 24 und 41 angekreuzt.
    a) Wie groß ist die Wahrscheinlichkeit, dass bei der Ziehung der Lottozahlen eine von Herrn Müllers Zahlen als erste gezogen wird?
    b) Beim ersten Zug ist die Kugel mit der Nummer 25 gezogen worden. Wie groß ist die Wahrscheinlichkeit, dass eine von Herrn Müllers Zahlen beim zweiten Mal gezogen wird?

28. Bei einem Volksfest haben sowohl der Sportverein als auch der Turnverein ein Glücksrad mit 66 gleich großen Sektoren aufgebaut. Auf beiden Glücksrädern sind die Zahlen von 1 bis 66 notiert. Beim Sportverein gewinnen alle Zahlen, die auf 5 enden, beim Turnverein gewinnen alle Zahlen, die mit 5 beginnen.

    a) An welchem Rad würden Sie spielen?

    b) Der Sportverein möchte seine Gewinnregel so abändern, dass die Gewinnchance zwischen 20% und 25% liegt. Machen Sie einen Vorschlag.

29. In einem Spielsalon wird folgendes Spiel angeboten: Man gewinnt, wenn man beim zweimaligen Würfeln mit einem idealen Würfel einen Pasch wirft oder aber eine Fünf und eine Sechs fällt. Wie groß ist die Wahrscheinlichkeit zu gewinnen?

30. Eine ideale Münze wird dreimal geworfen. Es wird festgestellt, welche Seite jeweils oben liegt.

    a) Geben Sie zu dem beschriebenen Zufallsexperiment ein geeignetes mathematisches Modell (Ergebnismenge und Wahrscheinlichkeitsverteilung) an.

    b) Berechnen Sie die Wahrscheinlichkeiten der Ereignisse:

       A: „Genau zweimal Zahl“,

       B: „Mindestens zweimal Zahl“,

       C: „Höchstens zweimal Zahl“,

       D: „Beim ersten Mal Zahl“,

       E: „Nur beim ersten Wurf Zahl“,

       F: „Beim ersten und beim zweiten Wurf Zahl“.

31. Von den 25 Schülern eines Bezugskurses Deutsch haben 13 Schüler Mathematik als Leistungsfach, 9 Physik als Leistungsfach und 6 Schüler sowohl Mathematik als auch Physik als Leistungsfach gewählt. Ein Schüler wird zufällig ausgewählt. Berechnen Sie die Wahrscheinlichkeiten.

    a) Der Schüler belegt Mathematik und Physik als Leistungsfach.

    b) Der Schüler belegt Mathematik oder Physik als Leistungsfach.

    c) Der Schüler belegt weder Mathematik noch Physik als Leistungsfach.

32. In einer Urne befinden sich 10 Kugeln, die von 11 bis 20 durchnummeriert sind. Man zieht zufällig eine Kugel und stellt die Zahl fest. Wie groß ist die Wahrscheinlichkeit dafür, dass eine Kugel mit
    a) einer geraden Zahl,
    b) einer Primzahl,
    c) einer durch 4 teilbare Zahl,
    d) einer durch 4 und 7 teilbaren Zahl gezogen wird?

33. Aus dem Wort „Donaudampfschifffahrtsgesellschaft“ wird ein Buchstabe zufällig ausgewählt. Berechnen Sie die Wahrscheinlichkeit, dass der ausgewählte Buchstabe
    a) ein f,
    b) ein e oder f,
    c) ein Vokal,
    d) ein Vokal oder Konsonant,
    e) ein Umlaut ist.

34. Zur Zeit von **Gottfried Wilhelm Leibniz** (1646-1716) wurde darüber gestritten, ob beim Werfen von zwei idealen Würfeln die Augensumme 11 genauso leicht zu erzielen ist wie die Augensumme 12.
    Entscheiden Sie.

G. W. Leibniz

35. Zur Zeit **Galileo Galileis** (1564-1642) hatten unermüdliche Spieler entdeckt, dass beim Wurf mit drei Würfeln die Augensumme 10 leichter zu erzielen ist als die Augensumme 9. Sie baten Galilei, eine Erklärung hierfür zu finden.
    a) Berechnen Sie die Wahrscheinlichkeiten der beiden Augensummen.
    b) Verdeutlichen Sie anhand dieses Ergebnisses, welcher kleine Unterschied durch die Spieler der damaligen Zeit bemerkt worden war.

G. Galilei

Geschichte der Wahrscheinlichkeitsrechnung

Im Gegensatz zur Geometrie ist die Wahrscheinlichkeitsrechnung ein recht junges Gebiet der Mathematik. Die eigentliche Geburtsstunde der Wahrscheinlichkeitsrechnung legt man gerne auf Mittwoch, den 29. Juli 1654. An diesem Tag schrieb der Philosoph und Mathematiker **Blaise Pascal** [1] einen Brief an den Juristen und Mathematiker **Pierre de Fermat**[2].

Der Brief bezog sich auf ein berühmtes und jahrhundertealtes Problem des Würfelspiels, das ihm von Chevalier **Antoine de Méré**[3] vorgetragen wurde.

De Méré vergnügte sich gerne am Hofe des Sonnenkönigs **Ludwig XIV** [4] mit Glücksspielen.

Dabei wurde folgendes Problem diskutiert:

Blaise Pascal

Problem des Chevalier De Méré

Was ist wahrscheinlicher: Bei 4 Würfen mit einem Würfel mindestens eine 6 zu würfeln oder bei 24 Würfen mit zwei Würfeln mindestens eine Doppelsechs zu würfeln?

Pascals Lösung könnte wie folgt ausgesehen haben:

Zufallsexperiment: «Viermaliges Werfen eines Würfels»

- Mächtigkeit der Ergebnismenge: $|\Omega| = 6^4$
- A: „Mindestens eine Sechs in 4 Würfen“
- $\overline{A}$: „Keine Sechs in 4 Würfen“ mit $|\overline{A}| = 5^4$

$$P(A) = 1 - P(\overline{A}) = 1 - \frac{|\overline{A}|}{|\Omega|} = 1 - \frac{5^4}{6^4} \approx 0{,}518$$

Zufallsexperiment: «24-maliges Werfen eines Doppelwürfels»

- Mächtigkeit der Ergebnismenge: $|\Omega| = 36^{24}$
- B: „Mindestens eine Doppelsechs in 24 Würfen“
- $\overline{B}$: „Keine Doppelsechs in 24 Würfen“ mit $|\overline{B}| = 35^{24}$

$$P(B) = 1 - P(\overline{B}) = 1 - \frac{|\overline{B}|}{|\Omega|} = 1 - \frac{35^{24}}{36^{24}} \approx 0{,}491$$

Vergleicht man den nur kleinen Unterschied der beiden Wahrscheinlichkeiten, so kann man Rückschlüsse auf das Freizeitverhalten von Teilen der Adelsgesellschaft am Hofe Ludwigs XIV ziehen.

---

[1] Blaise Pascal (1623-1662), franz. Mathematiker

[2] Pierre de Fermat (1601-1665), franz. Mathematiker

[3] Antoine de Méré (1607-1684), franz. Adliger und berufsmäßiger Spieler

[4] Ludwig XIV (1643-1715), franz. König

Im 18. und 19. Jahrhundert erweiterte man die Anwendungsmöglichkeiten der Wahrscheinlichkeitsrechnung auch auf wirtschaftliche, naturwissenschaftliche und in besonderem Maße auf biologische Fragen. So fand man heraus, dass z.B. Beobachtungsdaten oft ähnlich wie die Spielergebnisse bei Glücksspielen zufallsabhängig sind.
Erstmals wurde von Pierre Simon de Laplace eine Definition des Begriffes „Wahrscheinlichkeit" gegeben, die man als „klassische Definition" bezeichnet. Er formulierte darüber hinaus die Regeln für das Rechnen mit Wahrscheinlichkeiten.

Andrej KOLMOGOROW

Im Verlauf des 19. und 20. Jahrhunderts befassten sich auch russische Mathematiker mit den Problemen der Wahrscheinlichkeitsrechnung.
Andrej Kolmogorow[1] begründete mit seinen Arbeiten die heutige moderne Wahrscheinlichkeitsrechnung, indem er sie zu einer exakten mathematischen Disziplin machte und den axiomatischen Begriff der Wahrscheinlichkeit einführte.

Aufgaben

36. Méré war der Meinung, dass die Wahrscheinlichkeiten beim
    - viermaligen Werfen eines Würfels mindestens einmal eine Sechs,
    - 24-maligen Werfen mit zwei Würfeln mindestens eine Doppelsechs zu erzielen, gleich groß sein müssten.

    Um so verzweifelter war er, dass sich das erste Spiel in der Praxis als günstiger erwies.

    Wie hatte Méré wohl – zugegebenermaßen naiv – argumentiert?

37. Méré bat Pascal in dem gleichen Brief um die Lösung eines weiteren Problems, das bei den Glücksspielern der damaligen Zeit sehr umstritten war.

    Eine Münze wird wiederholt geworfen. Liegt Wappen oben, so erhält der Spieler A einen Punkt, bei Zahl bekommt der Spieler B den Punkt. Wer zuerst fünf Punkte erzielt, gewinnt den Einsatz. Nach sieben Würfen hat der Spieler A 4 Punkte, der Spieler B 3 Punkte erzielt. Das Spiel muss dann unvorhergesehen abgebrochen werden. Es erhebt sich die Frage, wie der Einsatz unter diesen Umständen gerecht aufzuteilen ist.

    Méré richtete an Pascal die Frage, ob eine Aufteilung 4:3 gemäß der Anzahl der gewonnenen Spiele oder aber eine Aufteilung 2:1 gemäß der Anzahl der fehlenden Punkte gerecht sei. Méré war sehr überrascht, als Pascal ihm mitteilte, dass beide Lösungen falsch seien.
    Welche Aufteilung des Einsatzes hatte Pascal empfohlen?

[1] Andrej Kolmogorow (1903-1984), russ. Mathematiker

3

Kombinatorische Zählverfahren

Zur Berechnung von Laplace-Wahrscheinlichkeiten sind die Elementanzahlen der Ergebnismenge Ω und des betrachteten Ereignisses A zu bestimmen. Dabei ist es in den meisten Fällen mühselig, beim Abzählen alle Elemente zu notieren. Geschickter ist es, Regeln zum Abzählen zu entwickeln. Für diesen Zweig der Mathematik, der sich mit solchen Abzählvorgängen beschäftigt, führte ***Gottfried Wilhelm Leibniz*** *(1646-1716) den Begriff* ***Kombinatorik*** *ein.*

3.1 Das allgemeine Zählprinzip

Ein Menü mit drei Gängen kann man aus

- zwei Vorspeisen V_1 und V_2
- drei Hauptspeisen H_1, H_2 und H_3
- zwei Nachspeisen N_1 und N_2

zusammenstellen. Wie viele Menüs gibt es?

Ein mögliches Menü ist $(V_2 \mid H_3 \mid N_1)$.

Die Schreibweise als Tripel zeigt, dass die Reihenfolge der Speisen von Bedeutung ist.
Am Baumdiagramm erkennt man, dass es insgesamt 12 verschiedene Menüs gibt.

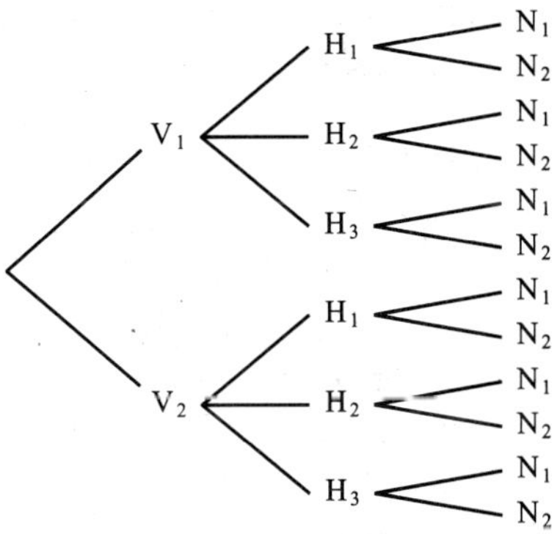

Rechnerisch besteht zwischen der Anzahl der Menüs und der Anzahl der einzelnen Speisen der Zusammenhang $12 = 2 \cdot 3 \cdot 2$.

Ein Menü besteht demnach aus einem Tripel $(x \mid y \mid z)$ mit $x \in \{V_1, V_2\}$,

$y \in \{M_1, M_2, M_3\}$ und $z \in \{N_1, N_2\}$.

Das oben geschilderte Verfahren zum Abzählen von Tupeln ist oft hilfreich. Interessiert man sich nur für die Anzahl der möglichen Tupel, so kann man auf das Zeichnen eines Baumdiagramms verzichten. Allgemein gilt:

Satz 3.1 (Allgemeines Zählprinzip)
Gibt es bei einem k-Tupel für die Besetzung der

- ersten Stelle n_1 Möglichkeiten,
- zweiten Stelle n_2 Möglichkeiten,

⋮

- k-ten Stelle n_k Möglichkeiten,

so gibt es insgesamt $n_1 \cdot n_2 \cdot \ldots \cdot n_k$ verschiedene k-Tupel.

Aufgaben

1. Die linke Scheibe eines Spielautomaten ist in 5 Sektoren mit den geraden Ziffern einschließlich der Ziffer 0, die mittlere Scheibe in 5 Sektoren mit den ungeraden Ziffern unterteilt. Auf der rechten Scheibe befinden sich in 10 Sektoren die Ziffern 0, 1, 2, …, 9.

   a) Geben Sie die Menge und die Anzahl der möglichen Ergebnisse an.

   b) Wie viele Spielergebnisse beginnen mit der Ziffer 0?

   c) Wie viele Spielergebnisse enden mit einer Ziffer größer als 5?

2. Interpretieren Sie die sechsstelligen Zahlen als 6-Tupel. Beantworten Sie dann die Fragen.

   a) Wie viele sechsstellige Zahlen gibt es?

   b) Wie viele sechsstellige Zahlen mit nur geraden (nur ungeraden) Ziffern gibt es?

   c) Wie viele sechsstellige Zahlen enden auf 11?

   d) Wie viele sechsstellige Zahlen mit lauter verschiedenen Ziffern gibt es, die größer als 700 000 sind?

3. a) Wie viele dreistellige Zahlen gibt es, bei denen alle Ziffern ungerade sind?

   b) Wie viele dreistellige Zahlen gibt es, bei denen die Ziffern gerade sind?

   c) Wie viele dreistellige Zahlen haben gerade Einerziffern, ungerade Zehnerziffern und als Hunderterziffer eine durch 3 teilbare Zahl?

   d) Wie viele dreistellige Zahlen mit verschiedenen Ziffern gibt es, die größer als 721 sind?

4. In einem amerikanischen Bundesstaat, in dem jeder zweite Einwohner ein Auto besitzt, bestehen die Autokennzeichen aus zwei Buchstaben gefolgt von drei Ziffern. Kann man auf die 0 als erste Ziffer verzichten, wenn in dem Bundesstaat 1,3 Millionen Einwohner leben?

5. Ein Schlagerstar kann für seine Abendgarderobe aus 12 Anzügen, 20 Seidenhemden, 10 Krawatten und 15 Paar Schuhen auswählen.

   a) Wie viele Möglichkeiten gibt es, sich für seinen Auftritt anzuziehen, wenn er nicht darauf achtet, ob die Kleidungsstücke auch zusammenpassen?

   b) Wie viele Möglichkeiten sind es, wenn er nicht die gleiche Kombination wie beim letzten Auftritt anziehen will?

   c) Wie viele Möglichkeiten sind es, wenn er keines der Kleidungsstücke anziehen will, das er beim letzten Auftritt getragen hat?

3.2 Ziehen mit Zurücklegen bei Beachtung der Reihenfolge

Fußball-Toto

Das Fußball-Toto ist eine Ergebniswette, bei der 13 vorher festgelegte Spielpaarungen der 1. oder 2. Fußballbundesliga getippt werden (Dreizehnerwette).

Es kann bei jedem der 13 Spiele getippt werden auf:

- den Sieg der Heimmannschaft (Tipp 1),
- den Sieg der Gastmannschaft (Tipp 2) oder auf
- einen unentschiedenen Ausgang (Tipp 0).

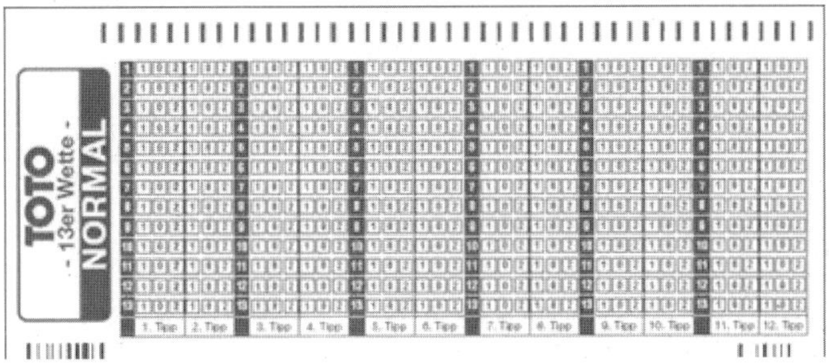

Wie viele Möglichkeiten gibt es beim Fußball-Toto, einen einzelnen Tipp mit 13 Spielen auszufüllen?

Jeder Tipp ist ein 13-Tupel, z.B. $(1|0|2|1|1|1|0|2|1|1|1|0|2)$.

Tippmöglichkeiten: $(\ |\ |\ |\ |\ |\ |\ |\ |\ |\ |\ |\ |\ )$

$$3\cdot 3\cdot 3\cdot 3\cdot 3\cdot 3\cdot 3\cdot 3\cdot 3\cdot 3\ 3\ 3\ 3 = 3^{13}$$

Menge der Tipps: $A = \{0, 1, 2\}$ mit $n = |A| = 3$

Ergebnismenge: $\Omega = \{0, 1, 2\}^{13}$ (Menge der 13-Tupel aus A)

Elementanzahl: $|\Omega| = n^k = 3^{13} = 1\,594\,323$

Bisher kamen schon öfters Beispiele für Zufallsexperimente vor, bei denen Kugeln aus einer Urne gezogen wurden. Viele Fragestellungen der Kombinatorik lassen sich durch das so genannte **Urnenmodell** simulieren:

„In einer Urne sind n durchnummerierte Kugeln. Der Urne werden k Kugeln ($k \leq n$) entnommen".

Dabei gibt es verschiedene Möglichkeiten. Jede gezogene Kugel kann wieder zurückgelegt werden oder auch nicht. Auch kann man die Kugeln der Reihe nach entnehmen und die Ergebnisse notieren oder die Reihenfolge nicht beachten.

Obiges Beispiel lässt sich als **Urnenaufgabe** wie folgt formulieren:

Wie viele Möglichkeiten gibt es, aus einer Urne mit drei Kugeln mit den Nummern 0, 1, 2 dreizehnmal eine Kugel mit Zurücklegen zu ziehen, wobei die Reihenfolge zu beachten ist?

Allgemein ergibt sich das folgende Zählprinzip:

Satz 3.2 (Anzahl der k-Tupel aus einer n-elementigen Menge)
Gegeben sei $A = \{a_1, a_2, \ldots, a_n\}$ und $k \in \mathbb{N}^*$. Die Anzahl der k-Tupel, die sich aus der n-elementigen Menge A bilden lassen, beträgt n^k.

Aufgaben

6. Wie viele Möglichkeiten gibt es, aus einer Urne mit fünf unterscheidbaren Kugeln mit den Nummern 1, 3, 5, 7 und 9 achtmal mit Zurücklegen zu ziehen, wenn die Reihenfolge dabei zu beachten ist?

7. a) Wie viele Möglichkeiten gibt es bei einem Rommé-Spiel (52 Karten), fünf Karten mit Zurücklegen zu ziehen?
   b) Um welche Zahl erhöht sich die Anzahl der Möglichkeiten, wenn man ein Rommé-Spiel mit drei Jokern verwendet?

8. Ein Multiple-Choice-Test besteht aus 10 Fragen mit jeweils 4 Antwortmöglichkeiten, von denen genau eine richtig ist. Wie viele Möglichkeiten gibt es, den Testbogen auszufüllen, wenn pro Frage eine Antwortmöglichkeit angekreuzt wird?

9. a) Wie viele verschiedene fünfstellige Telefonvorwahlnummern lassen sich bilden, wenn eine Vorwahlnummer mit der Ziffer 0 beginnt?
   b) Wie viele sechsstellige Privatnummern lassen sich bilden, wenn eine solche Nummer nicht mit der Ziffer 0 beginnt?
   c) Ist die Aussage realistisch, dass in einer deutschen Großstadt achtstellige Privatnummern zwingend eingeführt werden müssen?

3.3 Ziehen ohne Zurücklegen bei Beachtung der Reihenfolge

3.3.1 Permutationen

Startaufstellungen

Bei einem 100 m-Lauf werden die einzelnen Bahnen ausgelost. Es stehen dabei sechs Bahnen für sechs Läufer zur Verfügung.

Wie viele verschiedene Startaufstellungen sind möglich?

- Vergabe von Bahn 1: an 6 Läufer möglich,
- Vergabe von Bahn 2: an nur noch 5 Läufer möglich,
- Vergabe von Bahn 3: an nur noch 4 Läufer möglich,
- Vergabe von Bahn 4: an nur noch 3 Läufer möglich,
- Vergabe von Bahn 5: an nur noch 2 Läufer möglich,
- Vergabe von Bahn 6: an lediglich noch 1 Läufer möglich.

Es gibt somit $6 \cdot 5 \cdot 4 \cdot 3 \cdot 2 \cdot 1$ Möglichkeiten.

Jede Startaufstellung kann als 6-Tupel interpretiert werden, wobei die einzelnen Stellen unterschiedlich besetzt sind.

Auch dieses Beispiel kann durch eine Ziehung aus einer Urne simuliert werden.

Formulierung als Urnenaufgabe:

Wie viele Möglichkeiten gibt es, aus einer Urne mit sechs Kugeln mit den Nummern 1, 2, ..., 6 nacheinander ohne Zurücklegen sechs Kugeln zu ziehen, wobei die Reihenfolge zu beachten ist?

Ein n-Tupel aus lauter verschiedenen Elementen einer n-elementigen Menge bezeichnet man als **Permutation**.

Satz 3.3 (Anzahl der Permutationen einer n-elementigen Menge)
Die Anzahl der n-Tupel aus lauter verschiedenen Elementen, die man aus einer n-elementigen Menge bilden kann, beträgt $n \cdot (n-1) \cdot (n-2) \cdot \ldots \cdot 2 \cdot 1$.

Man verwendet hierfür die abkürzende Schreibweise:

$$n! := n \cdot (n-1) \cdot (n-2) \cdot \ldots \cdot 2 \cdot 1$$ (lies: **n-Fakultät**).

Weiterhin setzt man fest: $0! := 1$.

Aufgaben

10. a) Berechnen Sie die Fakultäten: $4!$, $5!$, $6!$, $7!$ und $8!$.

    b) Berechnen Sie: $\frac{13!}{11!}$, $\frac{8!}{11!}$, $\frac{12!}{14!}$, $\frac{1!}{0!}$.

    c) Schreiben Sie als Fakultät: $1 \cdot 2 \cdot 3 \cdot 4$, $7 \cdot 8 \cdot 6! \cdot 9$, $12 \cdot 11 \cdot 10 \cdot 9!$.

11. Berechnen Sie: $\frac{16!}{13!}$, $\frac{12!}{11!}$, $\frac{12!}{13!}$, $\frac{10!}{12!}$.

12. Vereinfachen Sie: $\frac{(n+1)!}{n!}$, $\frac{n!}{(n-2)!}$, $\frac{(n-1)!}{(n+2)!}$.

13. Unter einem Anagramm versteht man die Umstellung der einzelnen Buchstaben eines Wortes.
    a) Wie viele Anagramme des Wortes ASIEN gibt es?
    b) Wie viele Anagramme gibt es zu dem Wort EUROPA?

14. Die 26 Buchstaben des Alphabets sollen permutiert werden. Wie viele Jahre würde es dauern, bis man alle diese Permutationen aufgeschrieben hätte, wenn man von der Annahme ausgeht, dass es möglich ist, fünf solcher Permutationen in einer Minute zu notieren? Vergleichen Sie das Ergebnis mit dem Alter des Universums (geschätzte 21 Milliarden Jahre).

15. Ein Viererbobteam besteht aus vier Sportlern. Der Pilot sitzt dabei ganz vorne und lenkt den Schlitten. Auf wie viele Arten können sich die Sportler in den Bob setzen, wenn alle Sportler als Pilot infrage kommen?

16. Wie viele mögliche Aufstellungen gibt es für eine Fußballmannschaft, wenn der Trainer nur genau 11 Spieler zur Verfügung hat und jeder Spieler jede Position übernehmen kann?

3.3.2 *k*-Permutationen einer *n*-elementigen Menge

Pferde-Toto 3 aus 18

Von 18 Pferden sind drei gemäß der Reihenfolge ihres Einlaufs im Ziel auf einem Tippschein anzukreuzen.

Jeder Tipp ist ein Tripel:

1. Platz: 18 Ankreuzmöglichkeiten,
2. Platz: 17 Ankreuzmöglichkeiten,
3. Platz: 16 Ankreuzmöglichkeiten.

Es gibt $18\cdot 17\cdot 16=\frac{18\cdot 17\cdot 16\cdot 15!}{15!}=\frac{18!}{15!}=\frac{18!}{(18-3)!}=4896$ Möglichkeiten den Tippschein auszufüllen.

Formulierung als Urnenaufgabe:

Wie viele Möglichkeiten gibt es für dreimaliges Ziehen einer Kugel ohne Zurücklegen aus einer Urne mit 18 durchnummerierten Kugeln, wenn die Reihenfolge zu beachten ist?

Für $k\leq n$ nennt man allgemein ein k-Tupel aus lauter verschiedenen Elementen einer n-elementigen Menge eine ***k*-Permutation.**

Satz 3.4 (Anzahl der *k*-Permutationen einer *n*-elementigen Menge)
Es sei $k,n\in\mathbb{N}$ mit $k\leq n$. Die Anzahl der k-Permutationen einer n-elementigen Menge beträgt:

$$\frac{n!}{(n-k)!}=n\cdot(n-1)\cdot\ldots\cdot(n-k+1).$$

Beispiel

a) $\frac{7!}{(7-3)!}=\frac{7!}{4!}=\frac{7\cdot 6\cdot 5\cdot 4\cdot 3\cdot 2\cdot 1}{4\cdot 3\cdot 2\cdot 1}=7\cdot 6\cdot 5$

Merkregel: 3 Faktoren von 7 aus absteigend

b) $\frac{8!}{(8-4)!}=\frac{8!}{4!}=8\cdot 7\cdot 6\cdot 5$

Merkregel: 4 Faktoren von 8 aus absteigend

Aufgaben

17. Betrachtet werden soll die Menge $A = \{1, 2, \dots, 20\}$.

    a) Geben Sie die Anzahl der Permutationen sowie der 6-Permutationen von A an.

    b) Wie viele 5-Permutationen von A haben nur gerade Zahlen als Komponenten?

18. In einer Urne befinden sich 7 durchnummerierte Kugeln. Bestimmen Sie die Anzahl der Möglichkeiten, wenn man aus der Urne nacheinander wie folgt zieht:

    a) 4 Kugeln mit Zurücklegen

    b) 4 Kugeln ohne Zurücklegen

    c) 2 Kugeln mit Zurücklegen

    d) 6 Kugeln ohne Zurücklegen

19. a) Auf wie viele Arten kann man 7 Personen auf 12 Einzelzimmer verteilen?

    b) Sechs Personen betreten einen Raum, in dem acht Stühle in einer Reihe stehen. Wie viele Möglichkeiten gibt es für die Personen, Platz zu nehmen?

    c) Beim olympischen Endlauf über 10 000 m gehen 28 Läufer an den Start. Wie viele verschiedene Verteilungen der drei Medaillen sind möglich?

20. Wie viele Möglichkeiten für die drei Erstplatzierten gibt es bei einem Abfahrtslauf, wenn für die ersten drei Plätze

    a) nur die 15 Läufer der ersten Startgruppe,

    b) auch Außenseiter der zweiten Startgruppe (ebenfalls 15 Läufer) infrage kommen?

21. Die Mitglieder eines Vereins haben bei einer Generalversammlung einen Vorsitzenden, einen Stellvertreter, einen Schriftführer sowie einen ersten und zweiten Beisitzer zu wählen. Zu der Generalversammlung sind 21 Mitglieder erschienen.

    a) Wie viele verschiedene Vorstände sind möglich?

    b) Wie viele Möglichkeiten gibt es, wenn der Vorsitzende und der Schriftführer aus Altersgründen nicht mehr kandidieren?

3.4 Gleichzeitiges Ziehen mehrerer Kugeln

3.4.1 Ziehen ohne Zurücklegen und ohne Beachtung der Reihenfolge

Zahlenlotto 6 aus 49

Beim Zahlenlotto müssen 6 von 49 möglichen Zahlen auf einem Tippschein angekreuzt werden.

Wie viele verschiedene Tipps sind möglich?

Da es nicht von Bedeutung ist, in welcher Reihenfolge die Kugeln gezogen werden, ist die Anzahl der 6-elementigen Teilmengen einer 49-elementigen Menge gesucht. Würde die Reihenfolge eine Rolle spielen, so gäbe es

Ziehung vom 27. Mai 2006

$$\frac{49!}{(49-6)!} = 49 \cdot 48 \cdot 47 \cdot 46 \cdot 45 \cdot 44$$

Möglichkeiten.

Da aber jedes Ziehungsergebnis auf 6! verschiedene Arten (je nach Reihenfolge der gezogenen Zahlen) zu Stande gekommen sein kann, reduziert sich diese Anzahl auf den 6!-ten Teil.

Jeweils 6! der obigen Möglichkeiten fallen zu einem einzigen Tipp zusammen. Daher ist durch 6! zu dividieren. Die gesuchte Anzahl ist somit:

$$\frac{1}{6!} \cdot \frac{49!}{(49-6)!} = \frac{49 \cdot 48 \cdot 47 \cdot 46 \cdot 45 \cdot 44}{6!}.$$

Auch dieses Beispiel kann durch die Ziehung aus einer Urne simuliert werden.

Formulierung als Urnenaufgabe:

Wie viele Möglichkeiten gibt es, aus einer Urne mit 49 durchnummerierten Kugeln sechs ohne Zurücklegen und ohne Berücksichtigung der Reihenfolge zu ziehen?

Diesem Beispiel liegt das folgende allgemeine Problem zu Grunde:

Auswahl einer Menge von k Kugeln aus einer Urne mit n Kugeln ($k \leq n$).

Hierfür verwendet man eine abkürzende Schreibweise:

$$\binom{n}{k} = \frac{n!}{k! \cdot (n-k)!}.$$

Man bezeichnet $\binom{n}{k}$ als **Binomialkoeffizient** und liest „k aus n“ oder „n über k“.

Es gilt:

Satz 3.5 (Anzahl der k-Teilmengen einer n-elementigen Menge)
Es sei $k, n \in \mathbb{N}$ mit $k \leq n$. Die Anzahl der k-Teilmengen, die man aus einer n-elementigen Menge bilden kann, beträgt:

$$\binom{n}{k} = \frac{n!}{k! \cdot (n-k)!}.$$

Beispiel 1 (Berechnung von Binomialkoeffizienten)

- $\binom{6}{2} = \frac{6!}{2! \cdot (6-2)!} = \frac{6!}{2! \cdot 4!} = \frac{6 \cdot 5 \cdot 4 \cdot 3 \cdot 2 \cdot 1}{2 \cdot 1 \cdot 4 \cdot 3 \cdot 2 \cdot 1} = \frac{6 \cdot 5}{2 \cdot 1} = 15$
- $\binom{7}{3} = \frac{7!}{3! \cdot (7-3)!} = \frac{7!}{3! \cdot 4!} = \frac{7 \cdot 6 \cdot 5 \cdot 4 \cdot 3 \cdot 2 \cdot 1}{3 \cdot 2 \cdot 1 \cdot 4 \cdot 3 \cdot 2 \cdot 1} = \frac{7 \cdot 6 \cdot 5}{3 \cdot 2 \cdot 1} = 35$

Merkregel

$\binom{n}{k}$ ist ein Bruch, dessen Zähler und Nenner jeweils aus k Faktoren natürlicher Zahlen in absteigender Reihenfolge bestehen und zwar

- im Zähler beginnend mit n,
- im Nenner beginnend mit k.

Die Berechnung von Binomialkoeffizienten lässt sich durch ihre Symmetrieeigenschaft in vielen Fällen vereinfachen.

Satz 3.6 (Symmetrie zur Mitte)
Für alle $n, k \in \mathbb{N}$ mit $k \leq n$ gilt: $\binom{n}{k} = \binom{n}{n-k}$.

Beispiel 2

- $\binom{15}{13} = \binom{15}{2} = \frac{15 \cdot 14}{2 \cdot 1} = 105$
- $\binom{10}{7} = \binom{10}{3} = \frac{10 \cdot 9 \cdot 8}{3 \cdot 2 \cdot 1} = 120$

Hinweis: Wichtige Werte von $\binom{n}{k}$ sind auch in Kapitel 10 zu finden.

Aufgaben

22. Berechnen Sie die Binomialkoeffizienten. Beachten Sie dabei die Symmetrieeigenschaft.

a) $\binom{14}{2}$; $\binom{30}{3}$; $\binom{25}{4}$; $\binom{33}{6}$; $\binom{100}{5}$

b) $\binom{15}{13}$; $\binom{30}{27}$; $\binom{47}{42}$; $\binom{65}{58}$; $\binom{100}{95}$

c) $\binom{75}{0}$; $\binom{54}{1}$; $\binom{86}{86}$; $\binom{97}{96}$; $\binom{300}{299}$

23. a) Auf wie viele Arten kann man drei Personen aus einer Gruppe von sechs Personen auswählen?

b) Fünf Eintrittskarten für eine Theatervorstellung sollen an die 25 Schüler einer Klasse verteilt werden. Wie viele Möglichkeiten gibt es?

c) Die 35 Besucher einer Silvesterparty stoßen zum Jahreswechsel an, jeder mit jedem genau einmal. Wie oft klingen die Gläser?

24. Ein Bridgespiel besteht aus 52 Karten, von denen vier Asse sind. Man entnimmt 5 Karten. In wie vielen Fällen ist unter diesen 5 Karten

a) kein Ass,
b) genau ein Ass,
c) mindestens ein Ass,
d) höchstens ein Ass?

25. Ein Prüfling muss in einer Prüfung 8 von 10 gestellten Fragen beantworten.

a) Wie viele Wahlmöglichkeiten hat er insgesamt sich 8 Fragen auszusuchen?

b) Wie viele Möglichkeiten sind es, wenn er die ersten drei Fragen in jedem Fall beantworten muss?

26. Aus einem Kartenspiel mit 32 Karten wird ein Stoß mit 13 Karten ausgewählt.

a) Wie viele Stöße gibt es insgesamt?

b) Wie viele Stöße gibt es, die keine Herzkarten enthalten?

3.4.2 Das Lottomodell

6 aus 49

Die Bestimmung der Anzahl von Tippmöglichkeiten beim Zahlenlotto „6 aus 49" kann als Modell für viele andere Zufallsexperimente dienen.

Beispiel 1

Wie viele Möglichkeiten gibt es beim Zahlenlotto „6 aus 49" für das Ereignis E: „Genau vier Richtige"?

Die gesuchte Anzahl der Möglichkeiten lässt sich dadurch bestimmen, dass wir uns die Kugeln in dem Ziehungsgerät in zwei Gruppen aufgeteilt denken:

- eine Gruppe mit den 6 (schwarzen) Gewinnkugeln und
- eine Gruppe mit den 43 (weißen) Nieten.

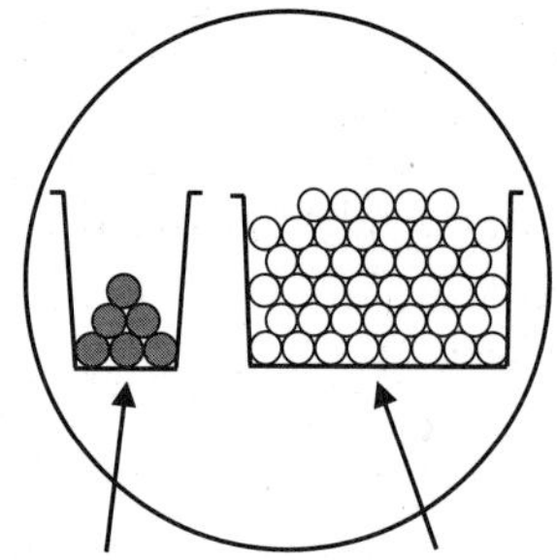

4 aus 6 $\binom{6}{4}$ Möglichkeiten

2 aus 43 $\binom{43}{2}$ Möglichkeiten

Ein für E günstiger Tipp besteht aus vier Gewinnkugeln und zwei Nieten.

- Es gibt $\binom{6}{4} = 15$ Möglichkeiten aus den 6 Gewinnkugeln 4 Kugeln auszuwählen.
- Es gibt $\binom{43}{2} = 903$ Möglichkeiten aus den 43 Nieten 2 Kugeln auszuwählen.

Nach dem allgemeinen Zählprinzip folgt für die Gesamtzahl der Möglichkeiten:

$$|E| = \binom{6}{4} \cdot \binom{43}{2} = 15 \cdot 903 = 13\,545.$$

Allgemein lässt sich der Sachverhalt wie folgt erfassen:

Satz 3.7 (Anzahl der k-Mengen beim Lottomodell)

In einer Urne befinden sich n Kugeln, von denen m schwarz und $n-m$ Kugeln weiß sind. Es werden k Kugeln ohne Zurücklegen gezogen. Die Anzahl der Möglichkeiten, genau l der m schwarzen Kugeln zu ziehen, beträgt:

$$\binom{m}{l} \cdot \binom{n-m}{k-l}.$$

Diese Art des Abzählens ist bei vielen Fragestellungen erfolgreich anwendbar. Die Grundidee besteht darin, die Gesamtheit der möglichen Ergebnisse fiktiv in Gruppen zu unterteilen.

Die entsprechende Vorgehensweise soll an zwei weiteren Beispielen verdeutlicht werden, denen kein Urnenmodell zugrunde liegt.

Beispiel 2

Wie viele Skatblätter mit genau drei Buben gibt es?

Wir zerlegen die Menge M der Karten in zwei Teilmengen:

$$M = \underbrace{\{b_1, b_2, b_3, b_4\}}_{\text{Menge } B \text{ der Buben}} \cup \underbrace{\{k_1, k_2, \ldots, k_{28}\}}_{\text{Menge } K \text{ der übrigen Karten}} .$$

Ein Skatblatt besteht aus 10 Karten. Ein Blatt mit genau drei Buben ergibt sich, wenn man

- drei Buben aus der Menge B (Anzahl der Möglichkeiten: $\binom{4}{3}$)
- sieben Karten aus der Menge K (Anzahl der Möglichkeiten: $\binom{28}{7}$)

auswählt.

Die Anzahl der Skatblätter mit drei Buben beträgt also:

$$\binom{4}{3} \cdot \binom{28}{7} = 4 \cdot 1184\,040 = 4\,736\,160 .$$

Beispiel 3

Auf wie viele Weisen lassen sich die einzelnen Buchstaben des Wortes *MISSISSIPPI* so umordnen, dass neue unterschiedliche „Worte“ entstehen?

Wir denken uns das zu bildende Wort als ein 11-Tupel, in das die Buchstaben M, I, S und P einzutragen sind.

- Für den Buchstaben M gibt es $\binom{11}{1} = 11$ Möglichkeiten.
- Für die vier Buchstaben I bleiben dann noch $\binom{10}{4}$ Möglichkeiten.
- Für die vier Buchstaben S sind es noch $\binom{6}{4}$ Möglichkeiten.
- Für die beiden Buchstaben P verbleibt schließlich $\binom{2}{2} = 1$ Möglichkeit.

Insgesamt folgt nach dem allgemeinen Zählprinzip für die Gesamtzahl der Möglichkeiten:

$$\binom{11}{1} \cdot \binom{10}{4} \cdot \binom{6}{4} \cdot \binom{2}{2} = 11 \cdot 210 \cdot 15 \cdot 1 = 34\,650 .$$

Aufgaben

27. Eine Gruppe besteht aus 9 Jungen und 3 Mädchen.
    a) Auf wie viele Arten kann man aus ihr 4 Personen auswählen?
    b) Wie viele Möglichkeiten gibt es, wenn dabei genau ein Mädchen sein soll?
    c) Wie viele Möglichkeiten gibt es, wenn unter den 4 Personen mindestens ein Mädchen sein soll?

28. Ein Ehepaar hat 11 gute Bekannte, davon 5 Ehepaare. Wie viele Möglichkeiten gibt es, 5 davon zum Essen einzuladen, wenn
    a) keine Einschränkungen zu beachten sind,
    b) von einem bestimmten Ehepaar keiner alleine kommen will,
    c) zwei der Bekannten sich nicht gut verstehen und nicht zusammentreffen wollen?

29. a) Wie viele 8-Tupel mit i Nullen und $(8 - i)$ Einsen $(i = 0, 1, ..., 8)$ gibt es?
    b) Wie viele 10-Tupel aus $\{0, 1\}$ gibt es, in denen vier-, fünf- oder sechsmal die Ziffer 0 vorkommt?
    c) Auf wie viele Arten lassen sich 5 blaue, 4 grüne, 3 rote und 2 weiße sonst nicht unterscheidbare Kugeln in eine Reihe legen?

30. Wie viele 8-Tupel aus $\{0, 1, 2\}$ gibt es, in denen
    a) dreimal die Null, zweimal die Eins und dreimal die Zwei vorkommen,
    b) dreimal die Null und fünfmal die Zwei vorkommen,
    c) genau dreimal die Null vorkommt?

31. Beim Pokern bekommt ein Spieler 5 Karten aus einem Kartenspiel von 32 Karten. Wie viele Möglichkeiten gibt es für
    a) einen „Vierling“,
    b) genau zwei Asse,
    c) genau ein „Pärchen“,
    d) einen „Flush“ (5 Karten derselben Farbe Herz, Karo, Kreuz oder Pik),
    e) einen „Straight Flush“ (Straße in einer einzigen Farbe),
    f) eine „Straße“,
    g) ein „Full House“ mit drei Assen und zwei Königen,
    h) ein „Full House“?

32. a) Wie viele verschiedene „Worte“ (Anagramme) lassen sich aus dem Wort TENNESSEE bilden?
    b) Wie viele von ihnen beginnen und enden mit E?
    c) Wie viele davon beginnen mit T und enden mit E?
    d) In wie vielen Fällen steht der Buchstabe E viermal nebeneinander?

33. In einem Aquarium schwimmen drei rote, zwei schwarze und ein silberner Fisch. Mit einen Netz werden drei Fische gefangen. Wie viele Möglichkeiten gibt es?

34. Eine Familie hat sechs Kinder, vier Jungen und zwei Mädchen.
    a) In wie vielen Junge-Mädchen-Reihenfolgen können die Kinder geboren sein?
    b) Wie viele Möglichkeiten gibt es, wenn das älteste Kind ein Junge ist?
    c) In wie vielen Fällen ist das älteste und das jüngste Kind ein Junge?

35. Zehn Bücher sollen in ein Regal gestellt werden: vier von Goethe, zwei von Schiller, zwei von Kafka und je eins von Frisch und Brecht.
    a) Wie viele Anordnungen gibt es insgesamt?
    b) Wie viele Anordnungen gibt es derart, dass die Bücher gleicher Autoren nebeneinander stehen?
    c) Auf wie viele Arten kann man die Bücher aufstellen, wenn sie von links nach rechts in alphabetischer Reihenfolge der Autoren stehen sollen?

36. In einer Urne befinden sich fünf Scheine zu 200 €, vier Scheine zu 100 € und zwei Scheine zu 50 €. Man zieht mit einem Griff vier Scheine aus der Urne.
    a) Wie viele verschiedene Ziehungen gibt es?
    b) Wie viele Ziehungen ergeben 400 €?

3.5 Kombinatorische Berechnung von Laplace-Wahrscheinlichkeiten

Für die Berechnung der Laplace-Wahrscheinlichkeiten eines Ereignisses A gilt:

$$P(A)=\frac{|A|}{|\Omega|}=\frac{\text{Anzahl der für } A \text{ günstigen Ergebnisse}}{\text{Anzahl der möglichen Ergebnisse}}.$$

Zur Berechnung von P(A) gilt es die Elementanzahlen $|A|$ und $|\Omega|$ zu bestimmen. Dabei können die kombinatorischen Hilfsmittel verwendet werden.

Beispiel 1

Wie groß ist die Wahrscheinlichkeit, dass im Zahlenlotto „6 aus 49“ ein Ziehungsergebnis nur aus ungeraden Zahlen besteht?

Ergebnismenge Ω: Menge der 6-elementigen Teilmengen aus $\{1, 2, \ldots, 49\}$.

$$\text{Also gilt: } |\Omega|=\binom{49}{6}=13\,983\,816.$$

Ereignis A: „Es werden 6 ungerade Zahlen gezogen.“

Es besteht aus den 6-elementigen Teilmengen von $\{1, 3, 5, \ldots, 49\}$.

$$\text{Also gilt: } |A|=\binom{25}{6}=177\,100.$$

Für die gesuchte Wahrscheinlichkeit gilt dann:

$$P(A)=\frac{|A|}{|\Omega|}=\frac{177\,100}{13\,983\,816}\approx 0{,}0127=1{,}27\,\%.$$

Beispiel 2

Wie groß ist die Wahrscheinlichkeit im Zahlenlotto „6 aus 49“ mindestens vier Richtige zu haben?

$$\text{Wie in Beispiel 1 gilt: } |\Omega|=\binom{49}{6}=13\,983\,816.$$

Ereignis B: „4 Richtige oder 5 Richtige oder 6 Richtige“

Genau vier Richtige erzielt man, wenn man 4 der 6 Gewinnzahlen und 2 der 43 falschen Zahlen auf dem Tippschein angekreuzt hat. Entsprechendes gilt für 5 und für 6 Richtige.

$$\text{Daher folgt: } |B|=\binom{6}{4}\cdot\binom{43}{2}+\binom{6}{5}\cdot\binom{43}{1}+\binom{6}{6}\cdot\binom{43}{0}=13\,545+258+1=13\,804.$$

Für die gesuchte Wahrscheinlichkeit gilt dann:

$$P(B)=\frac{|B|}{|\Omega|}=\frac{13\,804}{13\,983\,816}\approx 0{,}000\,987\approx 0{,}1\,\%.$$

Aufgaben

37. Sechs Ehepaare bilden einen Kegelverein. Für die anstehende Kegeltour soll ein zweiköpfiger Organisationsausschuss per Los bestimmt werden. Wie groß ist die Wahrscheinlichkeit dafür, dass er aus zwei Damen besteht?

38. Wie groß ist beim Zahlenlotto „6 aus 49" die Wahrscheinlichkeit, dass es sich bei den Gewinnzahlen
   a) nur um gerade Zahlen,
   b) nur um Zahlen von 1 bis 31 (mögliche Geburtstage) handelt?

39. Bei einem Quiz sind insgesamt 15 Mädchen und 25 Jungen – darunter Anne und Max – anwesend. Es werden 5 Kandidaten zufällig ausgewählt. Berechnen Sie die Wahrscheinlichkeiten der Ereignisse:
   A: „Es werden 5 Mädchen ausgewählt."
   B: „Max oder Anne sind unter den Kandidaten."

40. Ein Laplace-Würfel wird sechsmal geworfen.
   a) Mit welcher Wahrscheinlichkeit fallen sechs verschiedene Augenzahlen?
   b) Mit welcher Wahrscheinlichkeit treten die Augenzahlen 1, 3 und 5 je zweimal auf?

41. Mit welcher Wahrscheinlichkeit zieht man aus einem Skatspiel mit 32 Karten
   a) ein Ass,
   b) eine Dame,
   c) einen Buben oder eine Dame,
   d) ein Bild,
   e) kein Bild,
   f) einen Buben oder keine Dame,
   g) eine rote Karte oder einen Buben?

42. a) Wie groß ist die Wahrscheinlichkeit, mit einem Würfel keine Sechs zu werfen?
   b) Wie groß ist die Wahrscheinlichkeit, beim zweimaligen Ziehen ohne Zurücklegen aus einer Urne mit 3 gelben, 7 grünen und 5 roten Kugeln keine rote Kugel zu ziehen?
   c) Wie groß ist die Wahrscheinlichkeit, beim zweimaligen Würfeln keinen Pasch zu erzielen?

43. In einer Urne befinden sich sechs Kugeln, zwei weiße, zwei blaue, eine rote und eine grüne. Berechnen Sie die Wahrscheinlichkeit, dass man die drei Farben Blau, Weiß und Rot in den folgenden Fällen erhält:

   a) Man zieht drei Kugeln mit einem Griff aus der Urne.

   b) Man zieht nacheinander drei Kugeln aus der Urne und legt die gezogene Kugel jeweils wieder zurück.

   c) Man zieht nacheinander drei Kugeln ohne Zurücklegen aus der Urne.

44. In einer Fabrik wird ein Produkt in den Größenklassen I, II, III und IV hergestellt. Das Sortiment soll nun in einer Glasvitrine in einer Reihe ausgestellt werden, und zwar einmal das Produkt der Klasse IV und je zwei Produkte der drei anderen Klassen.

   a) Auf wie viele Arten ist dies möglich?

   b) Mit welcher Wahrscheinlichkeit steht das Produkt der Klasse IV zwischen den beiden Produkten der Klasse III?

45. Sechs Ehepaare verbringen gemeinsam ihren Urlaub.

   a) Zur Vorbereitung eines Ausflugs werden zwei Personen ausgelost. Wie groß ist die Wahrscheinlichkeit, dass

      α) die beiden Personen miteinander verheiratet sind,

      ß) eine Person männlich, die andere weiblich ist?

   b) Bei einer Tombola hat die Reisegruppe eine Bootsfahrt für vier Personen gewonnen. Wie groß ist die Wahrscheinlichkeit, dass unter den vier Personen, die die Fahrt mitmachen dürfen,

      α) zwei Ehepaare sind,

      ß) keine Ehepartner sind,

      γ) genau ein Ehepaar ist?

4

Bedingte Wahrscheinlichkeit

4.1 Bedingte Wahrscheinlichkeit

In der Klassenstufe 9 wurden bereits Situationen betrachtet, bei denen die Wahrscheinlichkeit eines Ereignisses dadurch beeinflusst wurde, dass bereits gewisse Vorinformationen für das Eintreten dieses Ereignisses vorlagen. Das folgende Beispiel zeigt eine solche Situation.

Beispiel 1

Ein Meinungsforschungsunternehmen befragt im Saarland 1000 Personen zu ihrer Meinung nach begleitendem Fahren („*Führerschein mit 17*"). Bezeichnen wir die Menge der befragten Personen mit Ω, so gilt $|\Omega| = 1000$. Dabei interessieren wir uns für folgende Ereignisse:

Z: „Eine zufällig ausgewählte Person ist Befürworter des Führerscheins mit 17."
M: „Die zufällig ausgesuchte Person ist Mitglied der Polizeigewerkschaft."
J: „Die zufällig ausgesuchte Person ist 18 bis 22 Jahre alt."

① Unter allen Befragten sprechen sich 840 Personen für den Führerschein mit 17 aus. Die Wahrscheinlichkeit für einen Befürworter unter den Befragten beträgt also:

$$P(Z) = \frac{|Z|}{|\Omega|} = \frac{840}{1000} = 0{,}84 = 84\,\%.$$

② Unter den Befragten befinden sich auch 48 Mitglieder der Polizeigewerkschaft. Die Abbildung rechts zeigt das Ergebnis der Befragung im Detail.

	M	$\bar{M}$	
Z	45	795	*840*
$\bar{Z}$	3	157	*160*
	48	*952*	*1000*

Bezieht man sich bei der Befragung nur auf die Mitglieder der Polizeigewerkschaft, so ist als Bezugsmenge anstelle von Ω die Menge M zu wählen. Die Wahrscheinlichkeit für einen Befürworter unter den Gewerkschaftsmitgliedern bezeichnen wir mit $\boldsymbol{P(Z\,|\,M)}$ (lies: $P(Z)$ unter der Bedingung M). Es gilt:

$$P(Z\,|\,M) = \frac{|Z \cap M|}{|M|} = \frac{45}{48} = 0{,}9375 \approx 93{,}8\,\%.$$

Die Wahrscheinlichkeit $P(Z\,|\,M)$ ist größer als $P(Z)$. Das Ereignis M begünstigt in diesem Fall das Ereignis Z.

③ Unter den Befragten befinden sich auch 400 Jugendliche im Alter von 18 bis 22 Jahren. Die Abbildung rechts zeigt wieder das Ergebnis der Befragung im Detail.

	J	$\bar{J}$	
Z	258	582	*840*
$\bar{Z}$	142	18	*160*
	400	*600*	*1000*

Nimmt man die Menge J der jungen Leute als Bezugsmenge, so beträgt die Wahrscheinlichkeit $P(Z\,|\,J)$ für einen Befürworter:

$$P(Z\,|\,J) = \frac{|Z \cap J|}{|J|} = \frac{258}{400} = 0{,}645 = 64{,}5\,\%.$$

Die Wahrscheinlichkeit $P(Z\,|\,J)$ ist wesentlich kleiner als $P(Z)$. Das Ereignis J ist nachteilig für das Ereignis Z.

Die Wahrscheinlichkeit von Z wird dadurch beeinflusst, ob das Ereignis M oder J bereits eingetreten ist.

In dem Beispiel wurden Wahrscheinlichkeiten der Form

$$P(A\,|\,B) = \frac{|A \cap B|}{|B|}$$

für Laplace-Ereignisse A und B berechnet. Die Eintrittschance des Ereignisses A wird dabei durch das Ereignis B beeinflusst. Man spricht in diesem Zusammenhang von einer **bedingten Wahrscheinlichkeit**.

Dieser Lösungsansatz lässt sich formal so umschreiben, dass die Wahrscheinlichkeiten von $A \cap B$ und B vorkommen:

$$P(A\,|\,B) = \frac{|A \cap B|}{|B|} = \frac{\frac{|A\cap B|}{|\Omega|}}{\frac{|B|}{|\Omega|}} = \frac{P(A \cap B)}{P(B)}.$$

Diese für Laplace-Experimente gewonnene Formel übertragen wir auf Zufallsexperimente mit beliebiger Wahrscheinlichkeitsverteilung:

Definition 4.1 (Bedingte Wahrscheinlichkeit)
Gegeben sind ein Zufallsexperiment und zwei Ereignisse A und B mit $P(B) > 0$.

Dann heißt $P(A\,|\,B) := \frac{P(A \cap B)}{P(B)}$ **bedingte Wahrscheinlichkeit von A unter der Bedingung B.**

Für ein Laplace-Experiment gilt: $P(A\,|\,B) = \frac{P(A \cap B)}{P(B)} = \frac{|A \cap B| : |\Omega|}{|B| : |\Omega|} = \frac{|A \cap B|}{|B|}$.

Statt $P(A\,|\,B)$ wird in der Literatur auch manchmal die Schreibweise $P_B(A)$ benutzt.

In der Definition wird gefordert, dass $P(B) > 0$ sein muss, also nicht null sein darf. Dies ist aber keine Beeinträchtigung, denn es macht keinen Sinn, die Information berücksichtigen zu wollen, dass B eingetroffen ist, wenn von vorneherein klar ist, dass hierfür die Wahrscheinlichkeit null ist.

Beispiel 2

Die Angehörigen eines Werkes werden nach den folgenden Merkmalen eingeteilt:

	Frauen (F)	Männer (M)	
Raucher (R)	200	800	1000
Nichtraucher ($\bar{R}$)	300	200	500
	500	1000	1500

Es sei Ω die Menge aller Betriebsangehörigen. Ein Angehöriger des Betriebes wird zufällig ausgewählt und es wird festgestellt, ob es sich um einen Mann oder eine Frau und um einen Raucher oder einen Nichtraucher handelt.
Es handelt sich um ein Laplace-Experiment mit den Wahrscheinlichkeiten:

$$P(R)=\frac{1000}{1500}=\frac{2}{3} \quad ; \quad P(F)=\frac{500}{1500}=\frac{1}{3} \quad ; \quad P(M)=\frac{1000}{1500}=\frac{2}{3}$$

$$P(R\cap F)=\frac{200}{1500}=\frac{2}{15} \quad ; \quad P(R\cap M)=\frac{800}{1500}=\frac{8}{15}$$

Die Rauchgewohnheiten der Werksangehörigen sollen nun in Abhängigkeit vom Geschlecht untersucht werden.

- Für die Wahrscheinlichkeit $P(R\,|\,F)$ einen Raucher unter den Frauen auszuwählen, gilt:

$$P(R\,|\,F)=\frac{P(R\cap F)}{P(F)}=\frac{2}{15}:\frac{1}{3}=\frac{2}{5}=40\%.$$

- Für die Wahrscheinlichkeit $P(R\,|\,M)$, einen Raucher unter den Männern auszuwählen, ergibt sich:

$$P(R\,|\,M)=\frac{P(R\cap M)}{P(M)}=\frac{8}{15}:\frac{2}{3}=\frac{4}{5}=80\%.$$

Um die Problematik bei der Übersetzung zwischen sprachlicher Darstellung und symbolischer Notation noch einmal aufzuzeigen, betrachten wir ein weiteres Beispiel.

Beispiel 3

Zu dem Zufallsexperiment «Zufällige Auswahl einer Person aus einer Population» betrachten wir die Ereignisse

A: „Die Person raucht.“,

B: „Die Person ist krebskrank.“

und folgende Wahrscheinlichkeiten:

$P(A\cap B)$: *Die Wahrscheinlichkeit, dass eine Person raucht und krebskrank ist.*

Hier geht es um die Wahrscheinlichkeit, dass zwei Eigenschaften gleichzeitig auftreten.

$P(B|A)$: *Die Wahrscheinlichkeit, dass eine Person krebskrank ist unter der Bedingung, dass sie raucht.*

Kurz: dass ein Raucher krebskrank ist.

Hier wird die Eigenschaft „Raucher zu sein“ als sicher vorausgesetzt und unter dieser Bedingung nach der Wahrscheinlichkeit für die noch unsichere Eigenschaft „krebskrank zu sein“ gefragt.

$P(A|B)$: *Die Wahrscheinlichkeit, dass eine Person raucht unter der Bedingung, dass sie krebskrank ist.*

Kurz: dass eine krebskranke Person raucht.

Hier wird die Eigenschaft „krebskrank zu sein“ als sicher vorausgesetzt und unter dieser Bedingung nach der Wahrscheinlichkeit für die noch unsichere Eigenschaft „Raucher zu sein“ gefragt.

Aufgaben

1. A und B seien Ereignisse mit $P(A)=\frac{3}{8}$, $P(B)=\frac{5}{8}$ und $P(A\cap B)=\frac{1}{4}$.
   Berechnen Sie $P(A|B)$ und $P(B|A)$.

2. Für Ereignisse A und B gilt: $P(A)=0,5$; $P(B)=0,5$; $P(A\cap B)=0,25$.
   Berechnen Sie folgende Wahrscheinlichkeiten:
   a) $P(A|B)$ b) $P(B|A)$
   c) $P(\overline{A}|\overline{B})$ d) $P(A|A\cup B)$

3. Berechnen Sie die bedingte Wahrscheinlichkeit $P(A|B)$ in folgenden Sonderfällen:
   a) $B\subset A$ b) $A\cap B=\{\ \}$

4. Es wird zufällig eine Zahl von 1 bis 100 ausgewählt.
   a) Mit welcher Wahrscheinlichkeit ist sie durch 5 teilbar, wenn bekannt ist, dass sie durch 3 teilbar ist?
   b) Mit welcher Wahrscheinlichkeit ist sie durch 8 teilbar, wenn man schon weiß, dass sie durch 4 teilbar ist?

5. Eine Münze wird sechsmal geworfen. Wie groß ist die Wahrscheinlichkeit, dass genau fünfmal Wappen erscheint, wenn man weiß, dass Wappen mindestens dreimal erscheint?

6. Jemand wählt auf gut Glück aus einer Urne mit Kugeln, die von 1 bis 9 nummeriert sind, zwei Kugeln mit einem Griff aus.
   a) Mit welcher Wahrscheinlichkeit wurde die Kugel mit der Nummer 4 gewählt, wenn die Summe der Nummern ungerade ist?
   b) Mit welcher Wahrscheinlichkeit ist die Summe der Nummern ungerade, wenn eine Kugel die Nummer 4 trägt?

7. Man wirft einen blauen und einen roten Würfel gleichzeitig. Betrachten Sie die folgenden Ereignisse:

   A: „Der blaue Würfel zeigt eine Sechs.“

   B: „Der rote Würfel zeigt eine Eins.“

   C: „Beide Würfel zeigen eine Eins oder eine Sechs.“

   Berechnen Sie die folgenden Wahrscheinlichkeiten. Beschreiben Sie die zugehörigen Ereignisse.

   a) $P(C)$ b) $P(C \mid A)$ c) $P(C \mid B)$

   d) $P(C \mid A \cap B)$ e) $P(C \mid A \cup B)$

8. Ein grüner und ein roter Würfel werden nacheinander geworfen und ihre Augenzahlen festgestellt.
   a) Der grüne Würfel ist bereits geworfen und zeigt die Augenzahl 5. Nun wird der rote Würfel geworfen. Wie groß ist die Wahrscheinlichkeit, dass die Augensumme größer als 8 ist?
   b) Man weiß, dass die Augenzahl des grünen Würfels kleiner als 3 ist. Wie groß ist die Wahrscheinlichkeit, dass die Augensumme ungerade ist?
   c) Man weiß, dass die Augensumme 6 ist. Wie groß ist die Wahrscheinlichkeit, dass mindestens ein Würfel eine Sechs zeigt?
   d) Man weiß, dass beide Würfel die gleiche Augenzahl zeigen. Wie groß ist die Wahrscheinlichkeit, dass die Augensumme gerade ist?
   e) Man weiß, dass die Augenzahlen der beiden Würfel verschieden sind. Wie groß ist die Wahrscheinlichkeit, dass die Augensumme ungerade ist?

4.2 Baumdiagramme und Pfadregeln

In den bisherigen Beispielen wurden bedingte Wahrscheinlichkeiten $P(A \mid B)$ mithilfe von $P(B)$ und $P(A \cap B)$ berechnet.

In vielen Fällen sind jedoch die Wahrscheinlichkeit $P(A)$ und auch die bedingte Wahrscheinlichkeit $P(A \mid B)$ durch den betrachteten Sachverhalt bereits vorgegeben und die Wahrscheinlichkeit $P(A \cap B)$ ist zu berechnen.

Aus der Definitionsgleichung für die bedingte Wahrscheinlichkeit ergibt sich:

Satz 4.1 (Produktsatz)

Sind A und B Ereignisse mit $P(A) > 0$ und $P(B) > 0$, so gilt:

$$P(A \cap B) = P(B) \cdot P(A \mid B) = P(A) \cdot P(B \mid A).$$

Auch bei mehrstufigen Zufallsexperimenten spielen bedingte Wahrscheinlichkeiten eine Rolle. Wir betrachten dazu das folgende zweistufige Zufallsexperiment:

«In einer Glückstrommel befinden sich 12 äußerlich gleiche Lose, hiervon sind 3 Lose Gewinne (G) und 9 Nieten (N). Jemand zieht ohne Zurücklegen nacheinander 2 Lose.»

Für die Ergebnismenge gilt: $\Omega = \{(G \mid G); (G \mid N); (N \mid G); (N \mid N)\}$.

Die vorliegende Situation lässt sich übersichtlich mithilfe eines Baumdiagramms darstellen. Beim Erstellen des Baumdiagramms ist zu beachten, dass in der zweiten Stufe bedingte Wahrscheinlichkeiten auftreten.

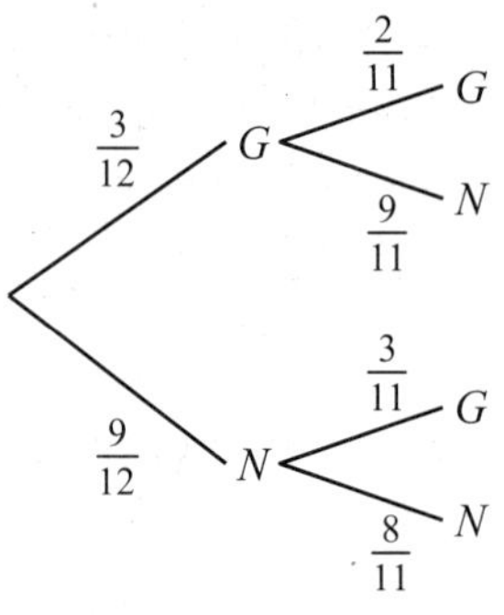

Diese können aber, wie nachstehend für einen Fall erläutert, direkt angegeben und im Baumdiagramm eingetragen werden:

- Ist z.B. das erste gezogene Los ein Gewinn, so befinden sich noch 11 Lose in der Trommel, 2 Gewinne und 9 Nieten.
- Die Wahrscheinlichkeit, auch im zweiten Zug einen Gewinn zu erzielen, beträgt daher $\frac{2}{11}$.

Betrachten wir die beiden Stufen des Experiments, so interessieren die Ereignisse:

G_1: „Das 1. Los ist ein Gewinn.“ G_2: „Das 2. Los ist ein Gewinn.“

Für die Wahrscheinlichkeiten der Elementarereignisse ergibt sich unter Verwendung des Produktsatzes:

$$P(\{(G \mid G)\}) = P(G_1 \cap G_2) = P(G_1) \cdot P(G_2 \mid G_1) = \frac{3}{12} \cdot \frac{2}{11} = \frac{6}{132},$$

$$P(\{(G \mid N)\}) = P(G_1 \cap \overline{G}_2) = P(G_1) \cdot P(\overline{G}_2 \mid G_1) = \frac{3}{12} \cdot \frac{9}{11} = \frac{27}{132},$$

$$P(\{(N \mid G)\}) = P(\overline{G}_1 \cap G_2) = P(\overline{G}_1) \cdot P(G_2 \mid \overline{G}_1) = \frac{9}{12} \cdot \frac{3}{11} = \frac{27}{132},$$

$$P(\{(N \mid N)\}) = P(\overline{G}_1 \cap \overline{G}_2) = P(\overline{G}_1) \cdot P(\overline{G}_2 \mid \overline{G}_1) = \frac{9}{12} \cdot \frac{8}{11} = \frac{72}{132}.$$

Beim Betrachten des Baumdiagramms erkennt man, dass sich die Wahrscheinlichkeit eines Elementarereignisses auch direkt ablesen lässt, indem man die Wahrscheinlichkeiten längs des zugehörigen Pfades multipliziert.

Allgemein lässt sich folgende Regel formulieren:

> **Satz 4.2 (Multiplikationsregel für Pfade)**
> Jeder Pfad im Ergebnisbaum stellt ein Elementarereignis dar. Die Wahrscheinlichkeit eines Elementarereignisses ist das Produkt der Wahrscheinlichkeiten längs des zugehörigen Pfades.

In dem Beispiel besitzen alle Elementarereignisse positive Wahrscheinlichkeiten, deren Summe 1 ergibt. Damit liegt eine Wahrscheinlichkeitsverteilung vor.

Betrachten wir das Ereignis:

E: „Es wird genau ein Gewinn gezogen.“,

so kann man aus dem Baumdiagramm auch unmittelbar die Wahrscheinlichkeit von E ablesen, in dem man die Wahrscheinlichkeiten der zugehörigen Elementarereignisse addiert:

$$P(E) = \frac{3}{12} \cdot \frac{9}{11} + \frac{9}{12} \cdot \frac{3}{11} = \frac{27}{132} + \frac{27}{132} = \frac{54}{132} = \frac{9}{22}.$$

Allgemein formuliert gilt folgende Regel:

> **Satz 4.3 (Additionsregel für Pfade)**
> Besteht im Ergebnisbaum ein Ereignis aus mehreren Pfaden, so ist seine Wahrscheinlichkeit gleich der Summe der Wahrscheinlichkeiten aller Elementarereignisse, die dieses Ereignis bilden.

Für die Bestimmung der Wahrscheinlichkeiten im Baumdiagramm gilt eine Regel, die man auch zur Kontrolle für die Korrektheit des Diagramms verwenden kann:

> **Satz 4.4 (Verzweigungsregel für Pfade)**
> Die Summe der Wahrscheinlichkeiten auf den Ästen, die von einem Verzweigungspunkt ausgehen, ist stets 1.

Das folgende Beispiel zeigt, dass sich auch komplizierte Fragestellungen mithilfe eines Baumdiagramms übersichtlich lösen lassen.

Beispiel 1

In einer Lostrommel befinden sich 4 rote, 5 schwarze und 7 weiße Lose. Der Losverkäufer verkauft nacheinander 2 Lose, die zufällig ausgewählt werden. Er notiert die Farbe des ersten und anschließend die Farbe des zweiten Loses.

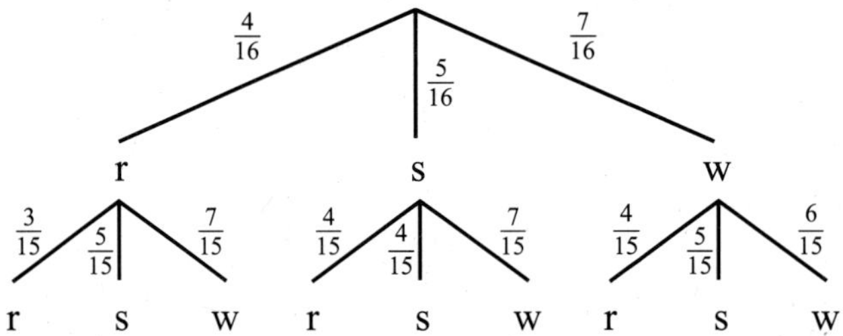

Das Baumdiagramm lässt sich zur Berechnung der Wahrscheinlichkeiten folgender Ereignisse auswerten:

- A: „Beide Lose haben die gleiche Farbe.“
$$P(A) = P(\{(r \mid r)\}) + P(\{(s \mid s)\}) + P(\{(w \mid w)\})$$
$$= \frac{4}{16} \cdot \frac{3}{15} + \frac{5}{16} \cdot \frac{4}{15} + \frac{7}{16} \cdot \frac{6}{15} = \frac{37}{120} \approx 0{,}308$$
- B: „Beide Lose haben verschiedene Farben.“
$$P(B) = 1 - P(A) = 1 - \frac{37}{120} \approx 0{,}692$$
- C: „Es wird ein schwarzes und ein rotes Los gezogen.“
$$P(C) = P(\{(r \mid s)\}) + P(\{(s \mid r)\}) = \frac{4}{16} \cdot \frac{5}{15} + \frac{5}{16} \cdot \frac{4}{15} = \frac{1}{6} \approx 0{,}167$$

In vielen Fällen reicht es aus, statt des vollständigen Baumdiagramms nur den interessierenden Pfad zu zeichnen. Das nächste Beispiel zeigt dies.

Beispiel 2

In einer Urne A befinden sich 5 rote Kugeln, in einer Urne B dagegen 2 schwarze und 3 grüne Kugeln. Es wird eine Urne ausgewählt und daraus werden dann nacheinander und ohne Zurücklegen 2 Kugeln gezogen.

Urne A wird mit einer Wahrscheinlichkeit von 25 % ausgewählt.

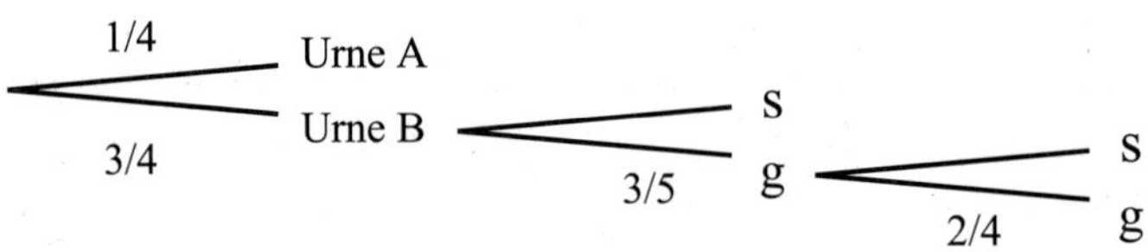

Gesucht ist die Wahrscheinlichkeit 2 grüne Kugeln zu ziehen.

E: „Es werden zwei grüne Kugeln gezogen.“
Aus dem (nur unvollständig gezeichneten) Baumdiagramm ergibt sich:
$$P(E) = \frac{3}{4} \cdot \frac{3}{5} \cdot \frac{2}{4} = \frac{9}{40} = 0{,}225\,.$$

Aufgaben

9. Eine Schulklasse besteht aus 13 Jungen und 9 Mädchen. Es werden vier Schüler zufällig ausgewählt. Wie groß ist die Wahrscheinlichkeit, dass nur Mädchen ausgewählt werden?

10. Jemand zieht aus einem Kartenspiel mit 32 Karten nacheinander ohne Zurücklegen vier Karten. Wie groß ist die Wahrscheinlichkeit, dass es sich um vier Herzkarten handelt?

11. Eine Urne enthält 9 schwarze und 6 weiße Kugeln. Es werden nacheinander und ohne Zurücklegen drei Kugeln gezogen. Wie groß ist die Wahrscheinlichkeit, dass die erste Kugel schwarz ist und die beiden folgenden weiß sind?

12. Eine Urne enthält 5 weiße und 3 rote Kugeln. Man zieht nacheinander und ohne Zurücklegen aus der Urne. Berechnen Sie die Wahrscheinlichkeit, dass die erste rote Kugel beim 5. Zug erscheint.

13. Aus einer Urne mit 10 gelben und 5 roten Kugeln werden nacheinander und ohne Zurücklegen drei Kugeln gezogen. Berechnen Sie die Wahrscheinlichkeit, dass
    a) die beiden ersten Kugeln gelb sind und die dritte Kugel rot ist,
    b) die erste und die dritte Kugel gelb sind und die zweite Kugel rot ist,
    c) die erste und die dritte Kugel die gleiche Farbe besitzen und die zweite die andere Farbe besitzt.

14. Eine Fahrschule teilt ihre Schüler für die praktische Prüfung zufällig ein. Wie groß ist die Wahrscheinlichkeit, dass Frauen und Männer sich in der Reihenfolge abwechseln, wenn
    a) 4 Frauen und 3 Männer an der Prüfung teilnehmen,
    b) 3 Frauen und 3 Männer an der Prüfung teilnehmen?

15. Auf einem Jahrmarkt befinden sich drei Losbuden mit den Gewinnchancen 45 %, 40 % und 30 %. Man kauft an jeder Bude ein Los.
    Mit welcher Wahrscheinlichkeit
    a) verliert man an allen drei Losbuden,
    b) verliert man nur genau einmal,
    c) verliert man höchstens einmal?

16. Nach der laufenden Spielzeit hat eine Fußballmannschaft 60 % der Spiele gewonnen, 25 % der Spiele verloren und in 15 % der Spiele unentschieden gespielt. Wie groß ist die Wahrscheinlichkeit, dass die Mannschaft bei gleicher Spielstärke in den nächsten drei Spielen

    a) mindestens einmal unentschieden spielt,

    b) zweimal gewinnt und einmal verliert?

17. Ein Multiple-Choice-Test besteht aus vier Fragen, zu denen jeweils vier Antworten angegeben sind, von denen immer nur eine richtig ist. Es darf jeweils nur eine Antwort angekreuzt werden. Der Test ist bestanden, wenn mindestens drei Fragen richtig beantwortet werden.
    Fritzchen hat absolut keine Ahnung. Mit welcher Wahrscheinlichkeit besteht er dennoch durch bloßes Raten?

18. Ein Betrunkener hat in seiner Tasche 6 Schlüssel, von denen aber nur einer in das Schloss zu seiner Wohnung passt. Er probiert die Schlüssel wahllos durch, wobei er aber noch so fit ist, dass er einen falschen Schlüssel nicht wieder in die Tasche zurücksteckt. Mit welcher Wahrscheinlichkeit hat er den richtigen Schlüssel

    a) gleich beim ersten Griff,

    b) spätestens beim dritten Griff,

    c) genau mit dem vierten Griff?

19. Eine Sensation wird mündlich weitererzählt, allerdings nur mit der Wahrscheinlichkeit 3/4 richtig. Nach dem wievielten Weitererzählen ist die Wahrscheinlichkeit, dass wahrheitsgemäß berichtet wird, unter 5 % gesunken?

20. Um in einer Gärtnerei die Anzahl der unbrauchbaren Pflanzen, die in den Verkauf gelangen, zu verringern, wird eine Endkontrolle durchgeführt, bei der mit einer Wahrscheinlichkeit von 9 % eine Pflanze als unbrauchbar aussortiert wird.
    Erfahrungsgemäß wird fälschlicherweise eine brauchbare Pflanze mit einer Wahrscheinlichkeit von 3 % aussortiert. Insgesamt sind 8 % der Pflanzen unbrauchbar.
    Zeichnen Sie ein Baumdiagramm und berechnen Sie die Wahrscheinlichkeit, dass eine unbrauchbare Pflanze aussortiert wird.

21. Ein in einem Warenhaus verkaufter Artikel wird von zwei verschiedenen Herstellern geliefert. Die Lieferung von Hersteller 1 enthält 10 % fehlerhafte Artikel, die von Hersteller 2 dagegen 9 % fehlerhafte Artikel. Insgesamt stammt ein Drittel aller fehlerhaften Artikel vom Hersteller 1.

    Welchen Anteil aller Artikel bezieht das Warenhaus vom Hersteller 1?

4.3 Lösung des Umkehrproblems

In vielen Fällen stellt sich die Frage, ob man aus einer gegebenen bedingten Wahrscheinlichkeit $P(A \mid B)$ nicht auch umgekehrt auf die bedingte Wahrscheinlichkeit $P(B \mid A)$ schließen kann. Wir untersuchen die Lösung dieses Umkehrproblems an einem konkreten Beispiel.

Beispiel

Im Herbst werden Grippeimpfungen angeboten. Nur 15 % der Bevölkerung machen allerdings von diesem Angebot Gebrauch.

- Ohne Impfung erkrankt man erfahrungsgemäß mit der Wahrscheinlichkeit 0,06.
- Hat man sich impfen lassen, so beträgt die Wahrscheinlichkeit für eine Erkrankung nur noch 0,002.

Mit welcher Wahrscheinlichkeit ist eine erkrankte Person geimpft?

Zur Lösung dieser Fragestellung führen wir folgende Abkürzungen ein:

A: „Eine Person ist geimpft."

B: „Eine Person ist erkrankt."

Gegeben sind

- die Wahrscheinlichkeiten $P(A) = 0{,}15$
- und die bedingten Wahrscheinlichkeiten $P(B \mid A) = 0{,}002$ und $P(B \mid \overline{A}) = 0{,}06$.

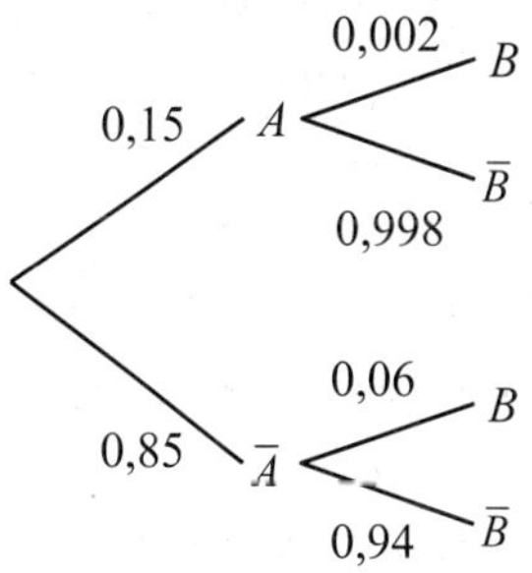

Hiermit lässt sich ein Baumdiagramm erstellen.

Gesucht ist die bedingte Wahrscheinlichkeit $P(A \mid B) = \frac{P(A \cap B)}{P(B)}$.

Dazu müssen wir $P(A \cap B)$ und $P(B)$ bestimmen. Diese Wahrscheinlichkeiten lassen sich aus dem Baumdiagramm berechnen:

Es gilt: $P(A \cap B) = 0{,}15 \cdot 0{,}002 = 0{,}0003$ und

$P(B) = 0{,}15 \cdot 0{,}002 + 0{,}85 \cdot 0{,}06 = 0{,}0513$.

Damit ergibt sich: $P(A \mid B) = \frac{P(A \cap B)}{P(B)} = \frac{0{,}0003}{0{,}0513} \approx 0{,}0058 = 0{,}58\,\%$.

Aufgaben

22. In der Bevölkerung sind 4 % der Männer und 1 % der Frauen Linkshänder. In einem Oberstufenkurs sind 60 % der Teilnehmer weiblich. Man wählt einen Teilnehmer zufällig aus; er ist Linkshänder. Wie groß ist die Wahrscheinlichkeit, dass es sich dabei um eine Schülerin handelt?

23. Eine Fabrik produziert mit drei Maschinen. Die Maschinen X, Y und Z stellen 55 %, 30 % und 15 % der gesamten Produktion her. Die Ausschussanteile der Maschinen betragen dabei 3 %, 4 % und 5 %. Wie groß ist die Wahrscheinlichkeit, dass ein defektes Teil von Maschine X stammt?

24. In einem Laden ist eine Alarmanlage eingebaut. Bei Einbruch gibt sie Alarm mit 99 %-iger Sicherheit. Wenn in einer bestimmten Nacht kein Einbruch stattfindet, gibt sie falschen Alarm mit Wahrscheinlichkeit 0,5 %. Die Einbruchswahrscheinlichkeit sei 0,1 %. Die Anlage hat gerade Alarm gegeben. Wie groß ist die Wahrscheinlichkeit, dass gerade ein Einbruch stattfindet?

25. Bei der Übertragung der Zeichen „Punkt" und „Strich" in einem Fernmeldesystem werden durch Störungen im Mittel 5 % der gesendeten Striche als Punkte und 3 % der gesendeten Punkte als Striche empfangen. 5/8 der gesendeten Zeichen sind Striche. Wie groß ist die Wahrscheinlichkeit, dass
    a) ein Zeichen richtig empfangen wurde,
    b) ein Strich empfangen wird, wenn man weiß, dass ein richtiges Zeichen empfangen wurde?

26. Die Endkontrolle von Mikrochips wird ausschließlich von den 3 Prüfstellen A, B und C durchgeführt. A testet 30 % der Chips und sortiert fehlerhafte Chips mit einer Wahrscheinlichkeit von 90 % aus. B prüft 50 % der Chips und sortiert fehlerhafte Chips mit einer Wahrscheinlichkeit von 80 % aus. Die Stelle C übersieht fehlerhafte Stücke mit einer Wahrscheinlichkeit von 5%. Ein defekter Chip hat die Kontrolle unbeanstandet passiert. Mit welcher Wahrscheinlichkeit wurde er von C kontrolliert?

27. Ein Langschläfer steht morgens mit einer Wahrscheinlichkeit von 75% zu spät auf. Wenn er rechtzeitig aufsteht, erreicht er auch in 9 von 10 Fällen seinen Bus und kommt rechtzeitig zur Arbeit. Steht er zu spät auf, so schafft er es nur in 2 von 10 Fällen, den Bus zu erreichen.
    a) Mit welcher Wahrscheinlichkeit kommt der Langschläfer zu spät?
    b) Der Langschläfer kommt morgens wieder einmal zu spät. Mit welcher Wahrscheinlichkeit ist er zu spät aufgestanden?

28. Fritzchen besucht das Speiselokal „Hungriger Wolf" mit der Wahrscheinlichkeit von 25 %, die Kneipe „Durstiger August" mit der Wahrscheinlichkeit 40 % und das Café „Zum heißen Kännchen" mit der Wahrscheinlichkeit 35 %.
Im „Hungrigen Wolf" trinkt er mit einer Wahrscheinlichkeit von 5 % ein Bier zuviel, im „Durstigen August" mit einer Wahrscheinlichkeit von 20 % und im Café „Zum heißen Kännchen" mit der Wahrscheinlichkeit 2 %.
Fritzchen hatte heute Morgen einen Kater. Mit welcher Wahrscheinlichkeit war er gestern Abend im „Durstigen August"?

4.4 Stochastische Unabhängigkeit

4.4.1 Der Begriff der stochastischen Unabhängigkeit

Man nennt in natürlicher Weise ein Ereignis A von einem Ereignis B unabhängig, falls das Ereignis B auf die Wahrscheinlichkeit von A keinen Einfluss hat.

Dies bedeutet, dass für $P(B) > 0$ gilt: $P(A \mid B) = P(A)$.

Es stellt sich die Frage, ob bei vorausgesetzter Unabhängigkeit des Ereignisses A vom Ereignis B auch umgekehrt B von A unabhängig ist, d.h. ob für $P(A) > 0$ aus $P(A \mid B) = P(A)$ dann auch $P(B \mid A) = P(B)$ folgt. Es gilt:

$$P(B \mid A) \underset{\substack{\uparrow \\ \text{Definition der} \\ \text{bedingten Wahr-} \\ \text{scheinlichkeit}}}{=} \frac{P(B \cap A)}{P(A)} \underset{\substack{\uparrow \\ \text{Produktsatz}}}{=} \frac{P(A \mid B) \cdot P(B)}{P(A)} \underset{\substack{\uparrow \\ A \text{ unabhängig} \\ \text{von } B}}{=} \frac{P(A) \cdot P(B)}{P(A)} = P(B).$$

B ist unter dieser Voraussetzung also auch unabhängig von A. Man sagt daher kurz, dass die beiden Ereignisse A und B unabhängig sind.

Definition 4.2 (Unabhängigkeit zweier Ereignisse)
Sei Ω die Ergebnismenge eines Zufallsexperiments, P ein W-Maß sowie A und B Ereignisse mit positiven Wahrscheinlichkeiten $P(A)$ und $P(B)$. Man nennt A und B **unabhängig**, wenn gilt:

$$P(A \mid B) = P(A) \text{ (und damit auch } P(B \mid A) = P(B)).$$

Sonst heißen A und B **abhängig**.

Beispiel

Hat Kurzsichtigkeit etwas mit dem Geschlecht zu tun?

Um diese Frage zu untersuchen, führt man unter 1000 zufällig ausgewählten Bewohnern einer Großstadt eine Befragung durch. Die ermittelten absoluten Häufigkeiten sind in eine Vierfeldertafel eingetragen.

Man erhält folgende Anteile:

$$P(K) = \frac{50}{1000} = 0{,}05 \quad ; \quad P(K \mid W) = \frac{17}{341} \approx 0{,}04985;$$

$$P(K \mid M) = \frac{33}{659} \approx 0{,}05008.$$

Die errechneten Anteile stimmen in guter Näherung überein. Die Befragung unterstützt damit die Vermutung, dass die Merkmale Geschlecht und Kurzsichtigkeit unabhängig sind.

	W	M	
K	17	33	50
$\bar{K}$	324	626	950
	341	659	1000

K: kurzsichtig
W: weiblich
M: männlich

4.4.2 Spezieller Produktsatz

Die Unabhängigkeit zweier Ereignisse lässt sich auf eine zweite Art formulieren, die den Vorteil hat, rechnerisch leichter anwendbar zu sein.
Sind A und B Ereignisse mit $P(A) > 0$ und $P(B) > 0$, so gilt:

$$
\begin{aligned}
A \text{ und } B \text{ unabhängig} \quad &\Leftrightarrow \quad P(A \mid B) = P(A) \\
&\Leftrightarrow \quad \frac{P(A \cap B)}{P(B)} = P(A) \\
&\Leftrightarrow \quad P(A \cap B) = P(A) \cdot P(B).
\end{aligned}
$$

Die letzte Gleichung $P(A \cap B) = P(A) \cdot P(B)$ stellt einen Spezialfall des Produktsatzes dar. Sie gilt also auch dann, wenn $P(A)$ oder $P(B)$ oder auch beide zugleich null sind.

> **Satz 4.5 (Spezieller Produktsatz)**
> Für zwei Ereignisse A und B gilt:
> $$A \text{ und } B \text{ unabhängig} \quad \Leftrightarrow \quad P(A \cap B) = P(A) \cdot P(B).$$

Hinweise

1. Mithilfe des speziellen Produktsatzes $P(A \cap B) = P(A) \cdot P(B)$ lässt sich ohne bedingte Wahrscheinlichkeit untersuchen, ob die Ereignisse A und B unabhängig sind.
2. Kann man bei einem gegebenen Zufallsexperiment aufgrund der Aufgabenstellung davon ausgehen, dass die Ereignisse A und B voneinander unabhängig sind, so erlaubt der Produktsatz $P(A \cap B) = P(A) \cdot P(B)$ die Berechnung der Wahrscheinlichkeit $P(A \cap B)$ auf recht einfache Art.
3. Der Begriff Unabhängigkeit darf nicht verwechselt werden mit der Unvereinbarkeit zweier Ereignisse. Im Gegensatz zur Unvereinbarkeit handelt es sich bei der Unabhängigkeit nicht um eine Eigenschaft der Ereignisse A und B selbst, sondern um eine Eigenschaft ihrer Wahrscheinlichkeiten.

Aufgaben

29. Es seien A und B unabhängige Ereignisse mit den zugehörigen Wahrscheinlichkeiten $P(A) = \frac{2}{3}$ und $P(B) = \frac{3}{4}$.
    Berechnen Sie die Wahrscheinlichkeiten der Ereignisse $A \cap B$ und $A \cup B$.

30. A und B seien unabhängige Ereignisse mit $P(A) = 0{,}4$ und $P(A \cap B) = 0{,}2$.
    Berechnen Sie $P(A \cup B)$.

31. Ein gefälschter Würfel wird einmal geworfen und die Augenzahl festgestellt. Die Wahrscheinlichkeitsverteilung ist gegeben durch folgende Tabelle:

ω	1	2	3	4	5	6
$P(\omega)$	0	0,4	0,1	0,1	0,3	0,1

Betrachten Sie die Ereignisse:

A: „Die Augenzahl ist gerade."

B: „Die Augenzahl ist durch 3 teilbar."

C: „Die Augenzahl ist kleiner als 4."

Untersuchen Sie, ob folgende Ereignisse unabhängig sind:

a) A und B b) $\overline{A}$ und $\overline{B}$ c) B und C

d) $\overline{B}$ und $\overline{C}$ e) A und C f) $\overline{A}$ und $\overline{C}$

32. Es seien A und B Ereignisse mit $P(A)=\frac{1}{4}$ und $P(A \cup B)=\frac{1}{3}$.

a) Berechnen Sie $P(B)$, wenn A und B unvereinbar sind.

b) Berechnen Sie $P(B)$, wenn A und B unabhängig sind.

c) Berechnen Sie $P(B)$, wenn $A \subset B$ ist.

33. Das Ehepaar Meier und 5 befreundete Ehepaare gründen einen Kegelclub. Zur Bildung eines Organisationskomitees werden 4 Personen zufällig ausgewählt. Es werden folgende Ereignisse betrachtet:

A: „Es wird kein Mann ausgewählt."

B: „Herr Meier wird ausgewählt."

C: „Zwei Ehepaare werden ausgewählt."

a) Prüfen Sie A und B auf Unvereinbarkeit und Unabhängigkeit.

b) Prüfen Sie B und C auf Unvereinbarkeit und Unabhängigkeit.

34. Der Defekt eines Kugelschreibers kann zwei Gründe haben: defekte Mechanik (Mangel A) oder defekte Mine (Mangel B). Die Wahrscheinlichkeit, dass ein Kugelschreiber defekt ist, beträgt 0,088. Die Wahrscheinlichkeit für das Auftreten des Mangels A beträgt 0,05 und die für das Auftreten beider Mängel gleichzeitig 0,002. Untersuchen Sie, ob beide Mängel unabhängig voneinander auftreten.

4.4.3 Unabhängigkeit in der Vierfeldertafel

Sind A und B unabhängige Ereignisse, so kann man im Feld für $A \cap B$ statt $P(A \cap B)$ das Produkt $P(A) \cdot P(B)$ der Wahrscheinlichkeiten eintragen.

Es stellt sich die Frage, ob auch die übrigen Felder auf diese Art ausgefüllt werden können.

	B	$\overline{B}$	
A	$P(A) \cdot P(B)$		$P(A)$
$\overline{A}$			$P(\overline{A})$
	$P(B)$	$P(\overline{B})$	

Für $\overline{A} \cap B$ ergibt sich:

$$\begin{aligned} P(\overline{A} \cap B) &= P(B) - P(A \cap B) \\ &= P(B) - P(A) \cdot P(B) \\ &= P(B) \cdot (1 - P(A)) \\ &= P(B) \cdot P(\overline{A}) \\ &= P(\overline{A}) \cdot P(B). \end{aligned}$$

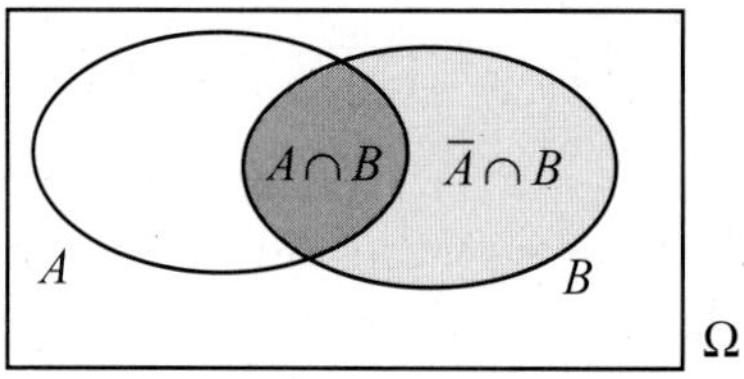

Die Ereignisse $\overline{A}$ und B sind ebenfalls stochastisch unabhängig. Die Vierfeldertafel kann daher entsprechend ergänzt werden.
Diese Überlegungen gelten auch für die noch ausstehenden Felder $A \cap \overline{B}$ und $\overline{A} \cap \overline{B}$.

	B	$\overline{B}$	
A	$P(A) \cdot P(B)$	$P(A) \cdot P(\overline{B})$	$P(A)$
$\overline{A}$	$P(\overline{A}) \cdot P(B)$	$P(\overline{A}) \cdot P(\overline{B})$	$P(\overline{A})$
	$P(B)$	$P(\overline{B})$	

Die Vierfeldertafel der Wahrscheinlichkeiten wird zu einer vollständigen Multiplikationstafel. Die obigen Überlegungen lassen sich wie folgt formulieren:

Ist die Produkteigenschaft für ein einziges Feld der Vierfeldertafel erfüllt, so gilt sie auch für die restlichen drei Felder.

Mathematisch mit dem Begriff Unabhängigkeit formuliert bedeutet dies:

Satz 4.6 (Vererbung der Unabhängigkeit auf die Gegenereignisse)
Die stochastische Unabhängigkeit zweier Ereignisse A und B überträgt sich auf die zugehörigen Gegenereignisse.

$$\begin{aligned} A \text{ und } B \text{ unabhängig} &\Leftrightarrow \overline{A} \text{ und } B \text{ unabhängig} \\ &\Leftrightarrow A \text{ und } \overline{B} \text{ unabhängig} \\ &\Leftrightarrow \overline{A} \text{ und } \overline{B} \text{ unabhängig} \end{aligned}$$

Das folgende Beispiel zeigt, wie eine konkrete Aufgabenstellung mithilfe einer Vierfeldertafel gelöst werden kann.

Beispiel

Eine Firma stellt grafikfähige Taschencomputer her, die je einen der Bauteile T_1 und T_2 enthalten. Die Bauteile sind unabhängig voneinander defekt, und zwar T_1 mit der Wahrscheinlichkeit 2 %, T_2 mit der Wahrscheinlichkeit 3 %.

Ein Taschencomputer ist intakt, wenn beide Bauteile ordnungsgemäß arbeiten.

Wegen der Unabhängigkeit gilt:

$$P(T_1 \cap T_2) = P(T_1) \cdot P(T_2)$$
$$= 0,02 \cdot 0,03 = 0,0006.$$

Damit lässt sich die nebenstehende Vierfeldertafel erstellen.

	T_2	$\overline{T}_2$	
T_1	**0,0006**	*0,0194*	**0,02**
$\overline{T}_1$	*0,0294*	*0,9506*	*0,98*
	0,03	*0,97*	*1*

Die oben berechnete Produktwahrscheinlichkeit und die gegebenen Wahrscheinlichkeiten sind fett, die dann ergänzten Wahrscheinlichkeiten kursiv geschrieben.

Diese Vierfeldertafel lässt sich nun zur Beantwortung folgender Fragestellungen verwenden.

① Wie groß ist die Wahrscheinlichkeit ein intaktes Gerät zu erhalten?

$$P(\overline{T}_1 \cap \overline{T}_2) = 0,9506$$

② Mit welcher Wahrscheinlichkeit enthält ein Taschencomputer genau ein defektes Bauteil?

$$P(T_1 \cap \overline{T}_2) + P(\overline{T}_1 \cap T_2) = 0,0294 + 0,0194 = 0,0488$$

Aufgaben

35. Die Wahrscheinlichkeit, dass eine Person in einem Jahr an einem Grippevirus erkrankt, ist 0,4. Die Wahrscheinlichkeit, dass eine Person zur gleichen Zeit die Masern bekommt, beträgt 0,2. Das Auftreten beider Krankheiten kann als unabhängig angesehen werden. Wie groß ist die Wahrscheinlichkeit, dass eine Person in einem Jahr an mindestens einer der beiden Krankheiten erkrankt?

36. Ein Hochhaus hat zwei Aufzüge. Die Wahrscheinlichkeit, dass der erste Aufzug im Erdgeschoss hält, ist 20 %. Für den zweiten Aufzug beträgt dieser Wert 30 %. Die Aufzüge funktionieren voneinander unabhängig.
    a) Wie groß ist die Wahrscheinlichkeit, dass beide Aufzüge im Erdgeschoss halten?
    b) Mit welcher Wahrscheinlichkeit hält keiner der Aufzüge im Erdgeschoss?

37. Für einen 75-jährigen Mann besteht eine Wahrscheinlichkeit von etwa 1/3, noch weitere 10 Jahre zu leben. Für seine 70-jährige Frau beträgt diese Wahrscheinlichkeit 2/3. Berechnen Sie unter der Unabhängigkeitsannahme die Wahrscheinlichkeit, dass
   a) beide in 10 Jahren noch leben,
   b) mindestens einer von ihnen in 10 Jahren noch lebt,
   c) nur die Frau in 10 Jahren noch leben wird.

38. In einer Klasse beträgt die Wahrscheinlichkeit für einen Linkshänder 2/5 und 1/3 für einen Brillenträger. Man kann davon ausgehen, dass diese beiden Merkmale unabhängig voneinander auftreten. Wie groß ist die Wahrscheinlichkeit dafür, dass ein zufällig herausgegriffener Schüler
   a) Linkshänder und Brillenträger ist,
   b) Linkshänder und kein Brillenträger ist,
   c) Linkshänder oder Brillenträger ist?

39. In einer Glasbläserei werden Kristallgläser hergestellt. Man weiß aus Erfahrung, dass 15 % aller Gläser Einschlüsse von Luftbläschen aufweisen und dass 10 % aller Gläser Fehler in der Einfärbung haben. Diese Fehler treten unabhängig voneinander auf. Stücke ohne jeden Fehler sind für den Export bestimmt, Stücke mit einem Fehler werden im Inland abgesetzt und Stücke mit zwei Fehlern sind Ausschuss. Täglich werden 1000 Gläser produziert. Wie viele Gläser einer Tagesproduktion sind durchschnittlich
   a) für den Export bestimmt,
   b) für den Inlandsabsatz bestimmt,
   c) Ausschuss?

40. Seien A und B unabhängige Ereignisse mit $P(A)=\frac{1}{2}$ und $P(A\cup B)=\frac{2}{3}$. Berechnen Sie:
   a) $P(B)$ b) $P(A\,|\,B)$ c) $P(A\,|\,\overline{B})$

41. Weisen Sie mithilfe der Definition der Unabhängigkeit nach: Sind zwei Ereignisse A und B unabhängig, so gilt dies auch für
   a) $\overline{A}$ und B b) A und $\overline{B}$ c) $\overline{A}$ und $\overline{B}$

42. Zeigen Sie: Sind A und B unabhängige Ereignisse mit $A\subset B$, so ist $P(A)=0$ oder $P(B)=1$.

4.5 Vermischte Aufgaben

43. Beim Werfen zweier Würfel werden folgende Ereignisse betrachtet:

    G: „Die Augensumme ist gerade.“

    D: „Die Augensumme ist durch 3 teilbar.“

    Berechnen Sie die Wahrscheinlichkeiten $P(D \mid G)$ und $P(G \mid D)$.

44. In einer Urne befinden sich 12 Kugeln: 7 rote und 5 blaue. Von den roten Kugeln sind 4 gepunktet, die anderen einfarbig. Von den blauen Kugeln sind 3 gepunktet, die anderen einfarbig.

    a) Ein Spieler zieht in einem ersten Versuch eine Kugel aus der Urne. Wie groß ist die Wahrscheinlichkeit eine rote Kugel zu ziehen, wenn man weiß, dass sie gepunktet ist?

    b) Im zweiten Versuch zieht der Spieler zwei Kugeln mit einem Griff aus der Urne. Wie groß ist die Wahrscheinlichkeit, genau eine rote Kugel zu ziehen, wenn man weiß, dass mindestens eine der beiden Kugeln gepunktet ist?

    c) In einem dritten Versuch zieht der Spieler zunächst eine Kugel aus der Urne. Nur wenn die Kugel gepunktet ist, zieht er ein zweites Mal, ohne dass die erste Kugel zurückgelegt wird. Wie groß ist die Wahrscheinlichkeit, dass der Spieler eine gepunktete und eine einfarbige Kugel zieht?

45. In einer Fabrik werden Glühbirnen mithilfe von drei Maschinen A, B und C hergestellt. Der Anteil an der Gesamtproduktion beträgt 20 % bei Maschine A mit einem Ausschussanteil von 5 %, 30 % bei Maschine B mit einem Ausschussanteil von 4 % und 50 % bei Maschine C mit 1 % Ausschussanteil.

    a) Berechnen Sie folgende Wahrscheinlichkeiten:

       α) E: „Die Glühbirne ist defekt und stammt von A.“

       ß) F: „Die Glühbirne ist defekt und stammt von B.“

       γ) G: „Die Glühbirne ist defekt und stammt von C.“

    b) Wie groß ist die Wahrscheinlichkeit, dass eine zufällig ausgewählte Glühbirne defekt ist?

46. Auf dem Jahrmarkt muss man an einer Schießbude bei drei Schüssen dreimal treffen, um den Hauptpreis zu erhalten.

    a) Wie groß ist die Wahrscheinlichkeit, dass ein Schütze mindestens einen Treffer landet, wenn man eine gleich bleibende Trefferwahrscheinlichkeit von 25 % zugrunde legt?

    b) Wie groß ist die Wahrscheinlichkeit, den Hauptpreis zu erzielen, wenn nach jedem Treffer die Trefferwahrscheinlichkeit vor Aufregung um 5 % sinkt?

47. Mehrere Jäger schießen gleichzeitig auf einen Hasen. Es soll angenommen werden, dass jeder der Jäger eine Trefferwahrscheinlichkeit von 60 % besitzt und dass sich die Jäger nicht gegenseitig beeinflussen. Wie viele Jäger dürfen auf einen Hasen schießen, damit dieser noch eine Überlebenschance von wenigstens 5 % besitzt?

48. In einer Urne befinden sich drei Würfel. Der erste Würfel ist ein Laplace-Würfel, die beiden anderen Würfel sind gezinkt. Beim zweiten Würfel erscheint eine Sechs mit der Wahrscheinlichkeit 1/2, beim dritten Würfel mit der Wahrscheinlichkeit 1. Man wählt einen Würfel zufällig aus. Mit welcher Wahrscheinlichkeit wirft man eine Sechs?

49. Eine Urne A enthält neun von 1 bis 9 durchnummerierte Kugeln, eine Urne B fünf von 1 bis 5 nummerierte Kugeln. Man wählt eine Urne aus und zieht eine Kugel. Dabei wird in 2 von 5 Fällen die Urne B gewählt. Wie groß ist die Wahrscheinlichkeit, dass die Kugel aus Urne A stammt, wenn sie eine gerade Ziffer trägt?

50. Eine Urne enthält 5 grüne und 7 blaue Kugeln. Eine Kugel wird gezogen und an ihrer Stelle eine Kugel von der anderen Farbe in die Urne zurückgelegt. Dann zieht man ein zweites Mal aus der Urne.
    a) Berechnen Sie die Wahrscheinlichkeit, dass die zweite Kugel blau ist.
    b) Beide Kugeln haben die gleiche Farbe. Wie groß ist die Wahrscheinlichkeit, dass sie beide grün sind?

51. Eine Urne A enthält 7 weiße und 8 schwarze Kugeln, eine zweite Urne B enthält 6 weiße und 4 schwarze Kugeln. Man wählt zufällig eine Urne aus, wobei in 4 von 7 Fällen die Urne A gewählt wird, entnimmt ihr eine Kugel und legt sie in die andere Urne. Aus dieser Urne zieht man dann ein zweites Mal. Mit welcher Wahrscheinlichkeit haben beide Kugeln die gleiche Farbe?

52. Eine Urne A enthält neun von 1 bis 9 durchnummerierte Kugeln, eine Urne B fünf von 1 bis 5 nummerierte Kugeln. Man wählt eine Urne zufällig aus und zieht eine Kugel und legt sie beiseite. Trägt die Kugel eine gerade Zahl, so wird ein zweites Mal aus dieser Urne gezogen, andernfalls aus der anderen Urne.
    a) Wie groß ist die Wahrscheinlichkeit, dass beide Kugeln eine gerade Nummer besitzen?
    b) Wie groß ist die Wahrscheinlichkeit, dass beide Kugeln ungerade Nummern haben?
    c) Beide gezogenen Kugeln besitzen ungerade Nummern. Mit welcher Wahrscheinlichkeit stammen sie aus der Urne B?

53. Auf einem Jahrmarkt befinden sich drei Losbuden, eine mit einer Gewinnwahrscheinlichkeit von 20 % und zwei mit einer Gewinnwahrscheinlichkeit von je 10 %. Ein Besucher des Jahrmarktes wählt eine der Buden auf gut Glück aus.

   a) Mit welcher Wahrscheinlichkeit gewinnt der Jahrmarktsbesucher mit dem ersten Los?

   b) Wie groß ist die Wahrscheinlichkeit, dass das zweite Los ein Gewinn ist, wenn das erste Los eine Niete war?

   c) Die beiden Lose waren Nieten. Mit welcher Wahrscheinlichkeit hat der Jahrmarktsbesucher sein Glück an der Losbude mit der Gewinnwahrscheinlichkeit von 20 % versucht?

54. Eine Urne X enthält 4 rote, 3 schwarze und 2 weiße Kugeln. Eine Urne Y enthält 3 rote, 4 schwarze und 5 weiße Kugeln. Zunächst wird eine Urne zufällig ausgewählt, dann wird aus dieser Urne blind eine Kugel gezogen.

   a) Berechnen Sie die Wahrscheinlichkeiten der folgenden Ereignisse:

      A: „Die gezogene Kugel stammt aus Urne X und ist rot."

      B: „Die gezogene Kugel stammt aus Urne X."

      C: „Die gezogene Kugel ist rot."

      D: „Die gezogene Kugel ist nicht weiß."

   b) Man weiß, dass die gezogene Kugel schwarz ist. Mit welcher Wahrscheinlichkeit stammt diese Kugel aus der Urne Y?

55. Eine Urne I enthält 8 weiße und 2 rote Kugeln, Urne II und Urne III enthalten jeweils 8 weiße Kugeln. Aus Urne I werden zwei Kugeln gezogen und in Urne II gelegt; dann werden aus Urne II zwei Kugeln entnommen und in Urne III gelegt; schließlich werden zwei Kugeln aus Urne III entnommen und es wird die Anzahl der roten Kugeln festgestellt.

    Berechnen Sie die Wahrscheinlichkeiten, dass diese Anzahl 0, 1 oder 2 ist.

56. Ein Kinderarzt weiß aus Erfahrung, dass zur Zeit etwa 95 % seiner Patienten mit Fieber und damit verbundenen Beschwerden Grippe haben und 5 % Windpocken. Eine Rötung der Haut ist bei 90 % der Windpockenfälle festzustellen, aber auch bei 2 % der Grippekranken. Der Arzt untersucht ein Kind und stellt eine Hautrötung fest. Wie ändert sich seine Einschätzung der Erkrankung?

5

Bernoulli-Wahrscheinlichkeit

5.1 Bernoulli-Experimente und Bernoulli-Ketten

Wir betrachten eine besondere Klasse von Zufallsexperimenten, bei denen nur zwei Ergebnisse möglich sind.
Beispiele für solche Zufallsexperimente sind:

- Werfen einer Münze,
- Drehen am nebenstehenden Glücksrad.

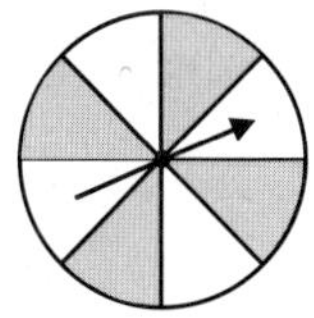

Definition 5.1 (Bernoulli-Experiment)
Ein Zufallsexperiment mit nur zwei möglichen Ergebnissen heißt **Bernoulli-Experiment**.

Man verwendet als Ergebnismenge meistens $\Omega = \{0, 1\}$ und benutzt hierbei die Bezeichnungen: 1 für „**Treffer**" und 0 für „**Niete**".
Die Wahrscheinlichkeitsverteilung ist gegeben durch:

$p := P(\{1\}) \in [0\,;1]$ (**Trefferwahrscheinlichkeit**)

$q := 1 - p = P(\{0\}) \in [0\,;1]$ (**Nietenwahrscheinlichkeit**)

Weitere Beispiele für Bernoulli-Experimente in der Alltagswelt sind:

Zufallsexperiment	Treffer	Niete
Qualitätskontrolle	einwandfrei	fehlerhaft
Elfmeter	verwandelt	nicht verwandelt
Zuckertest	positiv	negativ
Aufnahmeprüfung	bestanden	durchgefallen

Jakob Bernoulli (1654 - 1705) war ein schweizer Mathematiker und Physiker und stammte aus einer verzweigten Gelehrtenfamilie.
Er forschte auf unterschiedlichen Gebieten der Mathematik und gilt als einer der Mitbegründer der Wahrscheinlichkeitstheorie.

Jakob Bernoulli

Viele Zufallsexperimente mit mehr als zwei Ergebnissen lassen sich durch Vergröbern der Ergebnismenge als Bernoulli-Experimente deuten.

Beispiel 1

Beim einfachen Würfelwurf ist die Ergebnismenge $\Omega = \{1, 2, 3, 4, 5, 6\}$.

In manchen Spielsituationen bei *Mensch ärgere Dich nicht* interessiert nur, ob eine 6 (Treffer = 1) gewürfelt wird oder nicht (Niete = 0). Vergröbert man die ursprüngliche Ergebnismenge Ω zu $\Omega' = \{0, 1\}$, so ergibt sich ein Zufallsexperiment mit zwei Ergebnissen, also ein Bernoulli-Experiment.

Aufgabe

1. Prüfen Sie, ob es sich um Bernoulli-Experimente handelt.
   a) Werfen eines Würfels und Feststellen der Augenzahl
   b) Werfen eines Würfels und Feststellen, ob die Augenzahl eine Primzahl ist
   c) Ausgang eines Tennis-Spiels
   d) Ergebnis eines Spiels der Fußball-Bundesliga
   e) Sonntagsfrage vor einer Bundestagswahl: „Welche Partei würden Sie wählen, wenn am nächsten Sonntag Bundestagswahlen wären?“
   f) Endkontrolle bei der Fertigung von Mikrochips

Wir betrachten den Fall, dass ein Bernoulli-Experiment mehrfach durchgeführt wird. Beeinflussen sich dabei die einzelnen Teilexperimente nicht gegenseitig und ist die Trefferwahrscheinlichkeit bei allen Teilexperimenten gleich groß, so spricht man von einer **Bernoulli-Kette**.

Definition 5.2 (Bernoulli-Kette)

Ein mehrstufiges Zufallsexperiment, das aus n gleichen Bernoulli-Experimenten mit der Trefferwahrscheinlichkeit p besteht, heißt **Bernoulli-Kette der Länge *n* mit dem Parameter *p***.

Beispiel 2

Beim Beginn des Spiels *Mensch ärgere dich nicht* besitzt man drei Versuche um eine Sechs zu erzielen. Man kann dieses dreistufige Zufallsexperiment als eine Bernoulli-Kette mit folgenden Parametern deuten:

- Treffer: „Eine Sechs fällt“ ; Trefferwahrscheinlichkeit $p = \frac{1}{6}$
- Niete: „Keine Sechs fällt“ ; Nietenwahrscheinlichkeit $q = \frac{5}{6}$
- Kettenlänge: $n = 3$

Aufgabe

2. Prüfen Sie, welches der Zufallsexperimente als Bernoulli-Kette aufgefasst werden kann.

   Geben Sie gegebenenfalls an, was als Treffer oder Niete interpretiert werden soll und geben Sie die Trefferwahrscheinlichkeit p sowie die Länge n der Kette an.

   a) 7-maliges Werfen einer Laplace-Münze

   b) Gleichzeitiger Wurf von 7 Laplace-Münzen

   c) 5-maliges Ziehen aus einer Urne mit 10 schwarzen und 15 weißen Kugeln mit Zurücklegen der gezogenen Kugel

   d) Zahlenlotto und Fußballtoto

   e) Zufällige Beantwortung der 10 Fragen eines Tests, wenn zu jeder Frage fünf Alternativen angegeben sind, von denen genau eine richtig ist

5.2 Wahrscheinlichkeiten bei Bernoulli-Ketten

Wir betrachten eine Bernoulli-Kette der Länge n und dem Parameter p. Es stellt sich dabei sofort die Frage, wie groß die Wahrscheinlichkeit ist, bei insgesamt n Versuchen genau k-mal einen Treffer zu erzielen ($k \le n$).

Wir bezeichnen diese Wahrscheinlichkeit mit $\boldsymbol{P(T=k)}$. Ihre Berechnung soll zunächst an einem Beispiel erläutert werden.

Beispiel 1

Ein Schütze mit der konstanten Trefferwahrscheinlichkeit $p = 0{,}8$ gibt nacheinander 5 Schüsse auf eine Zielscheibe ab.

Mit welcher Wahrscheinlichkeit trifft der Schütze nur genau zweimal?

- Es sei $n=5$, $p=0{,}8$ und $\Omega=\{0,1\}^5$.
  Ein Elementarereignis ist z.B. $\{(1|0|0|1|0)\}$. Dies ist das Ereignis, bei dem genau beim 1. und beim 4. Versuch ein Treffer erzielt wird.

  $$\xrightarrow{p} 1 \xrightarrow{q} 0 \xrightarrow{q} 0 \xrightarrow{p} 1 \xrightarrow{q} 0$$

  Für die zugehörige Wahrscheinlichkeit ergibt sich nach Satz 4.2 (Multiplikationsregel für Pfade):

  $$P(\{(1|0|0|1|0)\}) = p\cdot q\cdot q\cdot p\cdot q = p^2\cdot q^3.$$

- Ist die Wahrscheinlichkeit für genau 2 Treffer gesucht, so ist es nicht von Bedeutung, an welchen Stellen die beiden Treffer auftreten.
  Die beiden Treffer können an verschiedenen Positionen auftreten.

  Es gibt $\binom{5}{2}$ Möglichkeiten, die Positionen für die beiden Treffer aus fünf möglichen Positionen auszuwählen. Nach Satz 4.3 (Additionsregel für Pfade) erhält man:

  $$P(\text{„genau 2 Treffer"}) = P(T=2) = \binom{5}{2}\cdot p^2\cdot q^3$$

  $$= \frac{5\cdot 4}{1\cdot 2}\cdot 0{,}8^2\cdot 0{,}2^3 = 0{,}0512 \approx 5\,\%.$$

Die Vorgehensweise aus dem Beispiel soll im Folgenden auf den allgemeinen Fall erweitert werden.

Wir wollen allgemein für eine Bernoulli-Kette der Länge n und dem Parameter p die Wahrscheinlichkeitsverteilung bestimmen. Zur Veranschaulichung soll der Ergebnisbaum eines dreistufigen Bernoulli-Experiments betrachtet werden.

Gesucht ist die Wahrscheinlichkeit für genau k Treffer ($k = 0, ..., n$).

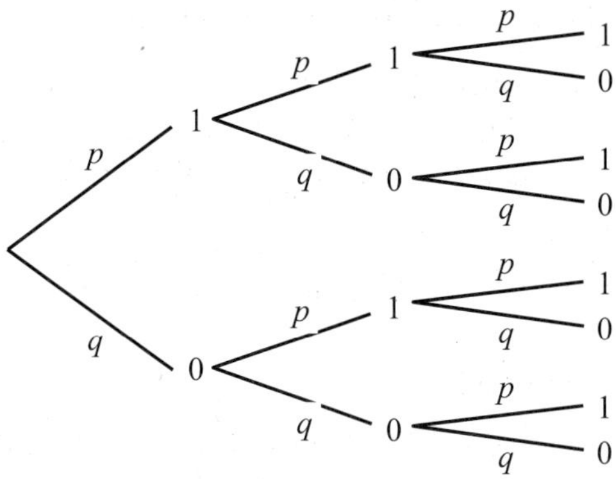

- Betrachtet wird zunächst ein einzelner Pfad im Ergebnisbaum, der über k Einsen und $n-k$ Nullen führt. Der Pfad setzt sich aus k Teilpfaden mit der Trefferwahrscheinlichkeit p und $n-k$ Teilpfaden mit der Nietenwahrscheinlichkeit $q = 1-p$ zusammen. Gemäß der Multiplikationsregel für Pfade ergibt sich als Wahrscheinlichkeit für diesen Pfad:
$$p^k \cdot q^{n-k}.$$
- Das Ereignis „genau k Treffer" umfasst alle Pfade im Ergebnisbaum mit k Einsen und $n-k$ Nullen, ist also die Menge der n-Tupel mit k Einsen und $n-k$ Nullen. Die Anzahl dieser Tupel beträgt:
$$\binom{n}{k} = \frac{n!}{k! \cdot (n-k)!}.$$

Aus der Additionsregel für Pfade folgt somit
$$P(T=k) = \binom{n}{k} \cdot p^k \cdot q^{n-k}.$$

Demnach gilt:

Satz 5.1 (Wahrscheinlichkeit bei Bernoulli-Ketten)
Bei einer Bernoulli-Kette der Länge n mit dem Parameter p gilt für die Wahrscheinlichkeit, genau k Treffer zu erzielen:
$$P(T=k) = \binom{n}{k} \cdot p^k \cdot q^{n-k} \quad \text{mit} \quad k = 0, 1, 2, \ldots, n.$$

Mithilfe der Bernoulli-Formel lässt sich die Wahrscheinlichkeitsverteilung einer Bernoulli-Kette bestimmen. Da in der Bernoulli-Formel ein Binomialkoeffizient auftritt, verwendet man häufig auch den Begriff **Binomialverteilung**.
Statt $P(T=k)$ verwendet man für die Wahrscheinlichkeit für genau k Treffer bei einer Bernoulli-Kette der Länge n mit dem Parameter p oft auch die Schreibweisen $\boldsymbol{B(n;p;k)}$ oder $\boldsymbol{B_{n;p}(k)}$.

Beispiel 2

- $B(7;\frac{1}{3};3) = P(T=3) = \binom{7}{3} \cdot \left(\frac{1}{3}\right)^3 \cdot \left(\frac{2}{3}\right)^4 = 35 \cdot \left(\frac{1}{3}\right)^3 \cdot \left(\frac{2}{3}\right)^4 \approx 0{,}2561$

Tabelle für $B(7;p;k)$

n	k	p = 0,02	0,03	0,04	0,05	0,10	1/6	0,20	1/4	0,30	1/3	0,40	1/2		n
7	0	8681	8080	7514	6983	4783	2791	2097	1335	0824	0585	0280	0078	7	7
	1	1240	1749	2192	2573	3720	3907	3670	3115	2471	2048	1306	0547	6	
	2	0076	0162	0274	0406	1240	2344	2753	3115	3177	3073	2613	1641	5	
	3	0003	0008	0019	0036	0230	0781	1147	1730	2269	**2561**	2903	2734	4	
	4			0001	0002	0026	0156	0287	0577	0972	1280	1935	2734	3	
	5					0002	0019	0043	0115	0250	0384	0774	1641	2	
	6						0001	0004	0013	0036	0064	0172	0547	1	
	7								0001	0002	0005	0016	0078	0	

Zu beachten ist, dass für Wahrscheinlichkeiten $p \leq 1/2$ die Tabellen von oben nach unten und von links nach rechts zu lesen sind.

- $B(8;\frac{3}{4};7) = P(T=7) = \binom{8}{7} \cdot \left(\frac{3}{4}\right)^7 \cdot \left(\frac{1}{4}\right)^1 \approx 0{,}2670$

Tabelle für $B(8;p;k)$

n	k	p = 0,02	0,03	0,04	0,05	0,10	1/6	0,20	1/4	0,30	1/3	0,40	1/2		n
8	0	8508	7837	7214	6634	4305	2326	1678	1001	0576	0390	0168	0039	8	8
	1	1389	1939	2405	2793	3826	3721	3355	**2670**	1977	1561	0896	0313	7	
	2	0099	0210	0351	0515	1488	2605	2936	3115	2965	2731	2090	1094	6	
	3	0004	0013	0029	0054	0331	1042	1468	2076	2541	2731	2787	2188	5	
	4		0001	0002	0004	0046	0260	0459	0865	1361	1707	2322	2734	4	
	5					0004	0042	0092	0231	0467	0683	1239	2188	3	
	6						0004	0011	0038	0100	0171	0413	1094	2	
	7							0001	0004	0012	0024	0079	0313	1	
	8									0001	0002	0007	0039	0	
n		0,98	0,97	0,96	0,95	0,90	5/6	0,80	3/4	0,70	2/3	0,60	1/2	k	n

Zu beachten ist hierbei, dass für Wahrscheinlichkeiten $p > 1/2$ die Tabellen von unten nach oben und von rechts nach links abgelesen werden.

Aufgaben

3. Berechnen Sie die Wahrscheinlichkeit $B(n;p;k)$, wenn n die Kettenlänge, p die Trefferwahrscheinlichkeit und k die Trefferzahl der Bernoulli-Kette bezeichnet. Vergleichen Sie Ihre rechnerischen Ergebnisse mit den Werten eines Tafelwerks.

   a) $B(5;\frac{1}{2};3)$ b) $B(8;\frac{3}{5};3)$

   c) $B(50;0{,}02;27)$ d) $B(100;\frac{2}{3};12)$

4. Bestimmen Sie die Wahrscheinlichkeit $B(n\,;p\,;k)$. Verwenden Sie ein Tafelwerk, falls dies möglich ist. Andernfalls müssen Sie selbst rechnen.

a) $B(18;\frac{1}{3};12)$ b) $B(20;\frac{1}{10};4)$ c) $B(11;\frac{1}{4};5)$

d) $B(9;\frac{3}{7};2)$ e) $B(25;0{,}4;13)$ f) $B(15;\frac{5}{6};9)$

Bernoulli-Ketten in anwendungsbezogenen Situationen

Das Modell der Bernoulli-Kette wird bei realen Vorgängen verwendet. Dabei ist sowohl die Unabhängigkeit der Teilvorgänge als auch die gleich bleibende Treffer- bzw. Erfolgswahrscheinlichkeit in der Regel eine idealisierende Annahme. Das folgende Beispiel zeigt, dass diese Fehler bei großen Kettenlängen vernachlässigbar klein sind.

Beispiel

In einer Kleinstadt mit 10 000 Einwohnern sind 5500 der Einwohner weiblich. Es wird fünfmal eine Person (ohne Zurücklegen) ausgewählt. Mit welcher Wahrscheinlichkeit wählt man

a) nur Frauen,

b) genau drei Frauen?

Die Interpretation als Bernoulli-Kette ergibt:

Treffer T: „Es wird eine Frau ausgewählt.“ ; $p = 0{,}55$; $n = 5$.

a) Die Berechnung als Bernoulli-Wahrscheinlichkeit liefert ($k = 5$):

$$P(T=5)=\binom{5}{5}\cdot 0{,}55^5\cdot 0{,}45^0=0{,}050328\approx 5\,\%.$$

Diese Interpretation als Bernoulli-Kette ist nicht ganz richtig, denn mit jeder ausgewählten Frau ändert sich die Erfolgswahrscheinlichkeit für den nächsten Vorgang; die einzelnen Bernoulli-Experimente der Kette sind nicht gleich. Die exakte Wahrscheinlichkeit beträgt:

$$\frac{5500}{10\,000}\cdot\frac{5499}{9999}\cdot\frac{5498}{9998}\cdot\frac{5497}{9997}\cdot\frac{5496}{9996}=0{,}050287\approx 5\,\%.$$

Der Fehler ist vernachlässigbar klein.

b) Die Anwendung des Modells der Bernoulli-Kette liefert ($k = 3$):

$$P(T=3)=\binom{5}{3}\cdot 0{,}55^3\cdot 0{,}45^2=10\cdot 0{,}55^3\cdot 0{,}45^2=0{,}3369\approx 33{,}7\,\%.$$

Aufgaben

5. Eine Urne enthält 15 von 1 bis 15 nummerierte Kugeln. Es werden 10 Kugeln mit Zurücklegen aus der Urne gezogen; bei jeder Ziehung prüft man, ob eine Primzahl gezogen wurde. Begründen Sie, warum das Zufallsexperiment eine Bernoulli-Kette ist. Geben Sie Treffer, Länge und Parameter an. Berechnen Sie die Wahrscheinlichkeit, dass genau viermal eine Primzahl gezogen wird.

6. Berechnen Sie die Wahrscheinlichkeiten, beim viermaligen Werfen einer idealen Münze
   a) dreimal Zahl und einmal Wappen zu erhalten,
   b) bei den ersten drei Würfen Zahl und beim letzten Wappen zu erhalten.

7. Ein Tennisspieler hat eine konstante Gewinnquote von 2/3 für jedes Spiel. Berechnen Sie die Wahrscheinlichkeit, dass er von vier Spielen
   a) genau zwei Spiele gewinnt,
   b) alle Spiele verliert,
   c) mindestens ein Spiel gewinnt.

8. Bei der Endkontrolle von Farbfernsehgeräten müssen 5 % der Geräte beanstandet und zu einer Nachbesserung zurückgegeben werden. Berechnen Sie die Wahrscheinlichkeit dafür, dass
   a) unter 10 geprüften Geräten kein defektes Gerät ist,
   b) unter 20 geprüften Geräten genau ein defektes Gerät ist,
   c) unter 20 geprüften Geräten mindestens ein defektes Gerät ist.

9. Zur Beurteilung der zukünftigen wirtschaftlichen Entwicklung geben jedes Jahr fünf Wirtschaftswissenschaftler (die so genannten 5 Weisen) eine Prognose ab. Es soll angenommen werden, dass sich die 5 Weisen unabhängig voneinander äußern und dass jeder die kommende wirtschaftliche Entwicklung mit 80 % Sicherheit richtig einschätzt. Wie groß ist die Wahrscheinlichkeit dafür, dass
   a) nur der erste und der dritte Weise richtig urteilen,
   b) alle Weisen richtig urteilen,
   c) man kein richtiges Urteil erhält,
   d) man wenigstens ein richtiges Urteil erhält?

10. Fritzchen spielt oft Schach gegen seinen Freund Max. Beide Freunde besitzen die gleiche Spielstärke. Fritzchen glaubt, dass die beiden folgenden Ereignisse E_1 und E_2 gleichwahrscheinlich sind. Hat er damit Recht?
    E_1: „Er gewinnt 5 von 9 Partien."
    E_2: „Er gewinnt 10 von 18 Partien."

Berechnung der Trefferwahrscheinlichkeit

Die Berechung der Trefferwahrscheinlichkeit bei einer Bernoulli-Kette ist in vielen Fällen schwierig, da man Gleichungen erhält, die nicht mehr elementar lösbar sind. Nachfolgend wird ein Sonderfall betrachtet, der auf eine elementar lösbare Gleichung führt.

Beispiel

Ein Gerät besteht aus insgesamt 10 Bausteinen, welche unabhängig voneinander mit der Wahrscheinlichkeit p ordnungsgemäß arbeiten. Fällt ein Baustein aus, so ist das Gerät gestört.

Wie groß muss p sein, damit das Gerät mit einer Sicherheit von 90 % funktioniert?

Die Interpretation als Bernoulli-Kette ergibt:
Treffer: „Baustein intakt" ; p unbekannt ; $n = 10$.

$$P(T=10)=0{,}9 \Leftrightarrow \binom{10}{10}\cdot p^{10}\cdot(1-p)^{0}=0{,}9$$
$$\Leftrightarrow p^{10}=0{,}9$$
$$\Leftrightarrow p=0{,}9^{0{,}1}\approx 0{,}9895$$

Die gesuchte Wahrscheinlichkeit beträgt 98,95 %.

Aufgaben

11. Ein elektronisches Bauteil enthält 15 Mikrochips, die unabhängig voneinander mit der Wahrscheinlichkeit p ordnungsgemäß arbeiten. Ist auch nur ein einziger Chip defekt, so ist das Bauteil bereits funktionsuntüchtig. Wie groß muss p sein, damit das Bauteil mit 95 % Sicherheit arbeitet?

12. Wie groß müsste die Wahrscheinlichkeit p einer richtigen Prognose bei jedem der fünf Wirtschaftsexperten (Weisen) sein, damit man mit mindestens 95 % Wahrscheinlichkeit nur richtige Prognosen erhält?

13. Herr Müller muss morgens auf seinem Weg zur Arbeit insgesamt 6 Ampeln passieren. Es soll angenommen werden, dass alle Ampeln unabhängig voneinander mit der gleichen Wahrscheinlichkeit p grün sind. Wie groß muss p sein, damit Herr Müller mit einer Wahrscheinlichkeit von 75 % nicht anhalten muss?

14. Ein Glücksrad mit k gleichgroßen Feldern und nur einem einzigen Gewinnfeld wird 10-mal gedreht. Wie groß muss der Mittelpunktswinkel für ein einzelnes Feld sein, damit man mit einer Wahrscheinlichkeit von mindestens 75 % keinen Gewinn erzielt?

Berechnung der Kettenlänge

Eine weitere Fragestellung bei Bernoulli-Ketten ist die Berechnung der Kettenlänge. Sie ist nur in bestimmten Sonderfällen elementar durchführbar.

Beispiel
Eine Urne enthält 3 rote und 7 weiße Kugeln. Mit einem Griff werden 2 Kugeln gezogen. Wie oft muss man dieses Experiment durchführen, um mit 95 % Wahrscheinlichkeit zumindest einmal 2 rote Kugeln zu ziehen?

Die Wahrscheinlichkeit, mit einem Griff 2 rote Kugeln zu ziehen, ist:

$$p = \binom{3}{2} : \binom{10}{2} = \frac{3}{45} = \frac{1}{15}.$$

Die Interpretation als Bernoulli-Kette ergibt:

Treffer: „Zwei rote Kugeln werden gezogen.“ ; $p = \frac{1}{15}$; n unbekannt.

$$\begin{aligned}
P(T \geq 1) \geq 0{,}95 \quad &\Leftrightarrow \quad 1 - P(T = 0) \geq 0{,}95 \\
&\Leftrightarrow \quad P(T = 0) \leq 0{,}05 \\
&\Leftrightarrow \quad \binom{n}{0} \cdot \left(\frac{1}{15}\right)^0 \cdot \left(\frac{14}{15}\right)^n \leq 0{,}05 \\
&\Leftrightarrow \quad \left(\frac{14}{15}\right)^n \leq 0{,}05 \\
&\Leftrightarrow \quad n \cdot \ln\left(\frac{14}{15}\right) \leq \ln(0{,}05) \\
&\Leftrightarrow \quad n \geq \frac{\ln(0{,}05)}{\ln\left(\frac{14}{15}\right)} \approx 43{,}42
\end{aligned}$$

Das Experiment muss mindestens 44-mal durchgeführt werden.

Beachten Sie: Wegen $\ln\left(\frac{14}{15}\right) < 0$ kehrt sich das Ungleichheitszeichen um.

Aufgaben

15. Eine Maschine erzeugt Werkstücke, von denen 5 % Produktionsfehler aufweisen und ausgesondert werden müssen. Wie viele Werkstücke muss man wenigstens testen, um mit einer Wahrscheinlichkeit von mehr als 50 % mindestens ein defektes Werkstück vorzufinden?

16. Biathlon ist eine Kombination aus Skilanglauf und Sportschießen. Aus wie vielen Schüssen müsste eine Schussserie bestehen, damit ein Biathlet mit einer Treffersicherheit von nur 60 % mit einer Wahrscheinlichkeit von wenigstens 95 % zumindest einen Treffer erzielt?

17. Es soll angenommen werden, dass sich mehrere Wirtschaftswissenschaftler unabhängig voneinander äußern und dass jeder die kommende wirtschaftliche Entwicklung mit 80 % Sicherheit richtig einschätzt. Wie viele Wissenschaftler müsste man nach ihrer Prognose für die zukünftige wirtschaftliche Entwicklung fragen, um mit einer Wahrscheinlichkeit von mindestens 99 % wenigstens eine richtige Prognose zu erhalten?

18. Eine Urne enthält 13 schwarze und 2 weiße Kugeln. Es soll stets eine Kugel herausgegriffen und wieder zurückgelegt werden. Wie oft muss man ziehen, damit die Wahrscheinlichkeit, mindestens eine weiße Kugel zu erhalten, größer als 50 % ist?

Vermischte Aufgaben

19. Wie viele unabhängige Versuche sind mindestens erforderlich, um mit einer Wahrscheinlichkeit von mehr als 50 % bei einem Spiel folgende Ereignisse zu erzielen:
    a) Mit einem Laplace-Würfel mindestens eine Sechs würfeln
    b) Mit zwei Laplace-Würfeln wenigstens eine Doppelsechs würfeln
    c) Mit drei Laplace-Würfeln mindestens einen Sechser-Pasch würfeln

20. Eine Urne enthält 10 weiße und 2 rote Kugeln. Man zieht aus der Urne drei Kugeln. Mit welcher Wahrscheinlichkeit erhält man zwei, eine oder aber keine rote Kugel, wenn man
    a) die Kugeln mit einem Griff zieht,
    b) die Kugeln nacheinander mit Zurücklegen zieht?

21. Ein Schütze auf dem Jahrmarkt trifft sein Ziel durchschnittlich mit der Wahrscheinlichkeit 25 %. Wie oft muss er schießen, um mit einer Wahrscheinlichkeit von 2/3 mindestens einmal zu treffen?

22. Berechnen Sie die Wahrscheinlichkeit, dass von sechs Personen, die an einem bestimmten Tag an der theoretischen Führerscheinprüfung teilnehmen, mindestens eine an einem Sonntag geboren wurde.

23. Ein Tennisspieler gewinnt bei eigenem Aufschlag den Punkt mit der Wahrscheinlichkeit 2/3. Berechnen Sie die Wahrscheinlichkeit, dass er bei eigenem Aufschlag von vier aufeinander folgenden Punkten
    a) alle vier gewinnt,
    b) genau drei gewinnt,
    c) alle vier verliert.

24. Aus einer großen Menge von fabrikneuen Glühbirnen wählt man drei aus. Man weiß, dass durchschnittlich 5 % der produzierten Glühbirnen fehlerhaft sind. Mit welcher Wahrscheinlichkeit
    a) erhält man genau zwei defekte Glühbirnen,
    b) ist die erste und die dritte Glühbirne defekt,
    c) sind höchstens zwei Glühbirnen defekt?

25. Fritzchen antwortet in einer mündlichen Prüfung mit einer Wahrscheinlichkeit von nur 1/3 richtig. Wie groß ist die Wahrscheinlichkeit, dass er erst bei der fünften Frage die erste richtige Antwort gibt?

26. Die Trefferwahrscheinlichkeit eines Schützen auf dem Jahrmarkt beträgt 0,2. Er will solange schießen, bis er 5 Treffer erzielt hat. Mit welcher Wahrscheinlichkeit hat er dies nach genau 10 Schüssen erreicht?

27. Ein Glücksrad besteht aus vier gleich großen Sektoren mit nur einem Gewinnsektor. Das Glücksrad wird mehrfach gedreht. Es werden die folgenden Ereignisse betrachtet.
    E_1: „Der erste Gewinn tritt spätestens beim 8. Versuch ein."
    E_2: „Der erste Gewinn tritt frühestens beim 4. Versuch ein."
    E_3: „Der erste Gewinn tritt frühestens beim 4. Versuch und spätestens beim 8. Versuch ein."
    a) Zeigen Sie, dass mit den Bezeichnungen p für die Trefferwahrscheinlichkeit und q für die Nietenwahrscheinlichkeit gilt:
    $$P(E_1)=1-q^8 \quad ; \quad P(E_2)=q^3 \quad ; \quad P(E_3)=q^3\cdot(1-q^5).$$
    Berechnen Sie die Wahrscheinlichkeiten $P(E_1)$, $P(E_2)$ und $P(E_3)$.
    b) Wie oft muss man das Glücksrad drehen, damit man mit mindestens 90 % Wahrscheinlichkeit mindestens einen Gewinn erzielt?

28. Ein Bus befördert 6 Passagiere, die unabhängig voneinander an den noch folgenden 5 Haltestellen mit der gleichen Wahrscheinlichkeit p aussteigen.
    a) Geben Sie eine mathematische Beschreibung für das zufällige Verhalten der Passagiere an.
    b) Mit welcher Wahrscheinlichkeit steigen an der dritten Haltestelle genau 2 Passagiere aus?
    c) Mit welcher Wahrscheinlichkeit steigt an der letzten Haltestelle mindestens ein Passagier aus?
    d) Mit welcher Wahrscheinlichkeit steigen an der ersten Haltestelle genau 3 und an der vierten Haltestelle genau 2 Passagiere aus?
    e) Mit welcher Wahrscheinlichkeit muss der Bus erstmals an der zweiten Haltestelle anhalten?

5.3 Summenwahrscheinlichkeiten bei Bernoulli-Ketten

Berechnung von Summenwahrscheinlichkeiten

Bei Bernoulli-Ketten wird oftmals auch nach der Wahrscheinlichkeit gefragt, dass mindestens oder aber höchstens k Treffer eintreten. Man muss dann über die entsprechenden Wahrscheinlichkeiten summieren und erhält die folgenden Formeln.

Satz 5.2 (Summenwahrscheinlichkeiten bei Bernoulli-Ketten)

- höchstens k Treffer: $P(T \leq k) = \sum_{i=0}^{k} \binom{n}{i} \cdot p^i \cdot q^{n-i}$
- mindestens k Treffer: $P(T \geq k) = \sum_{i=k}^{n} \binom{n}{i} \cdot p^i \cdot q^{n-i}$
- mindestens l und höchstens k Treffer: $P(l \leq T \leq k) = \sum_{i=l}^{k} \binom{n}{i} \cdot p^i \cdot q^{n-i}$

In vielen Fällen kann man den Rechenaufwand dadurch reduzieren, dass man zum Gegenereignis übergeht. Hierbei ist zu beachten, dass die Trefferzahl T nur ganzzahlige Werte annimmt. Man benutzt folgende Beziehungen:

- $P(T \geq k) = 1 - P(T < k) = 1 - P(T < k-1)$

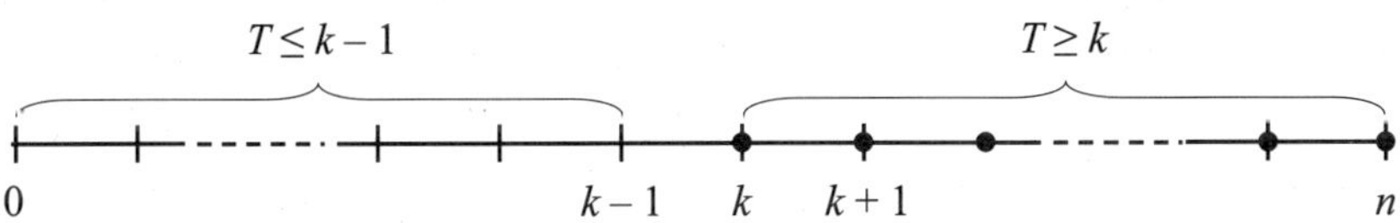

- $P(T \leq k) = 1 - P(T > k) = 1 - P(T \geq k+1)$

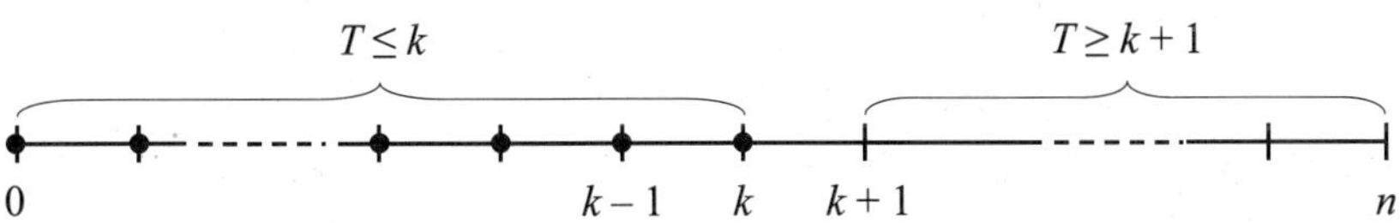

- $P(l \leq T \leq k) = P(T \leq k) - P(T < l) = P(T \leq k) - P(T \leq l-1)$

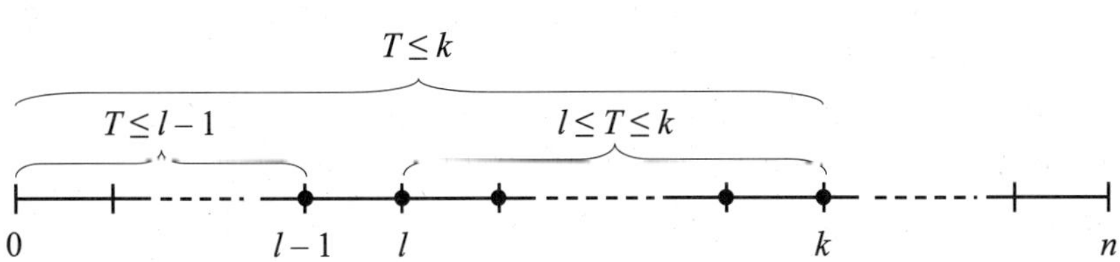

Aufgaben

29. Berechnen Sie für die Kettenlänge n und die Trefferwahrscheinlichkeit p die Summenwahrscheinlichkeiten bei Bernoulli-Ketten, wenn T für die Trefferzahl steht.

   a) $n = 8$; $p = 0{,}50$; $P(T \leq 3)$

   b) $n = 6$; $p = 0{,}25$; $P(T < 3)$

   c) $n = 5$; $p = 1/3$; $P(T \leq 3)$

   d) $n = 7$; $p = 0{,}75$; $P(T \geq 2)$

   e) $n = 9$; $p = 2/3$; $P(T > 2)$

30. Ein Spieler A wirft 6-mal einen idealen Würfel und gewinnt, wenn mindestens eine Sechs fällt. Ein Spieler B wirft einen idealen Würfel 12-mal und gewinnt, wenn mindestens zwei Sechsen fallen. Wer hat die größeren Gewinnchancen?

31. Es soll angenommen werden, dass von einer bestimmten Bevölkerungsgruppe 40 % Raucher sind. Aus dieser Bevölkerungsgruppe werden 10 Personen ausgewählt. Wie groß ist die Wahrscheinlichkeit, dass darunter mehr als 4 Raucher sind?

32. Von 20 elektronischen Bauteilen sind durchschnittlich 5 fehlerhaft. Aus der großen Anzahl von Bauteilen, die eine Firma an einem Tag produziert, wählt man 10 Bauteile aus und überprüft sie auf Funktionstüchtigkeit. Mit welcher Wahrscheinlichkeit erhält man dabei mindestens 5 fehlerhafte Bauteile?

Verwendung eines Tafelwerks

Die Berechnung von Summenwahrscheinlichkeiten

$$P(T \leq k) = \sum_{i=0}^{k} \binom{n}{i} \cdot p^i \cdot q^{n-i}$$

ist im Allgemeinen mühsam. Die Werte von $P(T \leq k)$ sind daher für einige wichtige Trefferwahrscheinlichkeiten p tabelliert (Kapitel 10, Tabelle 2).
Die folgenden Beispiele zeigen, wie derartige Tabellen zu verwenden sind.

Beispiel 1

Von einer schlechten Sorte Blumenzwiebeln ist bekannt, dass 20 % aufgehen. Die Zwiebeln werden in Packungen zu 50 Stück verkauft.

Mit welcher Wahrscheinlichkeit gehen höchstens 5 Zwiebeln auf?

Die vorliegende Situation kann als Bernoulli-Kette modelliert werden:

Kettenlänge $n = 50$, Anzahl der Treffer $k = 5$

Treffer T: „Die Zwiebel geht auf mit $p = 0{,}2$."

Gesucht ist also $P(T \leq 5) = \sum_{i=0}^{5} \binom{50}{i} \cdot 0{,}2^i \cdot 0{,}8^{n-i}$.

Tabelle für $P(T \leq k) = \sum_{i=0}^{k} \binom{50}{i} \cdot p^i \cdot q^{n-i}$

n	k	**0,02**	**0,03**	**0,04**	**0,05**	**0,10**	**1/6**	**0,20**	**1/4**	**0,30**	**1/3**	**0,40**	**1/2**		n
	0	3642	2181	1299	0769	0052	0001	0000	0000	0000	0000	0000	0000	49	
	1	7358	5553	4005	2794	0338	0012	0002	0000	0000	0000	0000	0000	48	
	2	9216	8108	6767	5405	1117	0066	0013	0001	0000	0000	0000	0000	47	
	3	9822	9372	8609	7604	2503	0238	0057	0005	0000	0000	0000	0000	46	
50	4	9968	9832	9510	8964	4312	0643	0185	0021	0002	0000	0000	0000	45	**50**
	5	9995	9963	9856	9622	6161	1388	**0480**	0070	0007	0001	0000	0000	44	
	6	9999	9993	9964	9882	7702	2506	1034	0193	0025	0005	0000	0000	43	
	7		9999	9992	9968	8779	3911	1904	0452	0073	0017	0000	0000	42	
	8			9999	9992	9421	5421	3073	0915	0183	0050	0002	0000	41	
	9				9998	9755	6830	4437	1636	0402	0127	0008	0000	40	
n		**0,98**	**0,97**	**0,96**	**0,95**	**0,90**	**5/6**	**0,80**	**3/4**	**0,70**	**2/3**	**0,60**	**1/2**	k	n

Aus der Tabelle liest man ab: $P(T \leq 5) = 0{,}0480 \approx 5\,\%$.

Die Tabelle wird für $p \leq 1/2$ von links nach rechts sowie von oben nach unten gelesen.

Beispiel 2

Man wählt jetzt aber eine gute Sorte Blumenzwiebeln, von der bekannt ist, dass 80 % aufgehen. Die Packungsgröße ist ebenfalls 50. Mit welcher Wahrscheinlichkeit gehen höchstens 45 Zwiebeln auf?

Aus diese Situation kann als Bernoulli-Kette modelliert werden:
Kettenlänge: $n = 50$; Anzahl der Treffer $k = 45$

Treffer T: „Die Zwiebel geht auf mit $p = 0{,}8$."

Gesucht ist $P(T \leq 45) = \sum_{i=0}^{45} \binom{50}{i} \cdot 0{,}8^i \cdot 0{,}2^{n-i}$.

Tabelle für $P(T \leq k) = \sum_{i=0}^{k} \binom{50}{i} \cdot p^i \cdot q^{n-i}$

p

n	**k**	**0,02**	**0,03**	**0,04**	**0,05**	**0,10**	**1/6**	**0,20**	**1/4**	**0,30**	**1/3**	**0,40**	**1/2**		**n**
	0	3642	2181	1299	0769	0052	0001	0000	0000	0000	0000	0000	0000	49	
	1	7358	5553	4005	2794	0338	0012	0002	0000	0000	0000	0000	0000	48	
	2	9216	8108	6767	5405	1117	0066	0013	0001	0000	0000	0000	0000	47	
	3	9822	9372	8609	7604	2503	0238	0057	0005	0000	0000	0000	0000	46	
50	4	9968	9832	9510	8964	4312	0643	**0185**	0021	0002	0000	0000	0000	45	**50**
	5	9995	9963	9856	9622	6161	1388	0480	0070	0007	0001	0000	0000	44	
	6	9999	9993	9964	9882	7702	2506	1034	0193	0025	0005	0000	0000	43	
	7		9999	9992	9968	8779	3911	1904	0452	0073	0017	0000	0000	42	
	8			9999	9992	9421	5421	3073	0915	0183	0050	0002	0000	41	
	9				9998	9755	6830	4437	1636	0402	0127	0008	0000	40	
n		**0,98**	**0,97**	**0,96**	**0,95**	**0,90**	**5/6**	**0,80**	**3/4**	**0,70**	**2/3**	**0,60**	**1/2**	*k*	**n**

Aus der Tabelle liest man ab: $P(T \leq 45) = 1 - 0{,}0185 = 0{,}9815 = 98{,}15\,\%$.

Die Tabelle mit $p > 0{,}5$ wird von rechts nach links sowie von unten nach oben gelesen.

Es ist zu beachten, dass dabei gilt: $P(T \leq 45) = 1 -$ abgelesener Wert (siehe Kapitel 10, Seite 162).

Beispiel 3

Von dieser guten Sorte ($p = 0{,}8$) will man jetzt noch wissen, mit welcher Wahrscheinlichkeit mehr als 48 Zwiebeln auf gehen?

Aus der letzten Tabelle lesen wir ab:

$$P(T > 48) = 1 - P(T \leq 47) = 1 - (1 - 0{,}0013) = 0{,}0013 = 0{,}13\,\%.$$

Aufgaben

Verwenden Sie zum Lösen der folgenden Aufgaben die Tabelle 2 zur Summenfunktion der Binomialverteilung aus Kapitel 10 oder ein elektronisches Hilfsmittel.

33. Ein idealer Würfel wird 100-mal geworfen. Mit welcher Wahrscheinlichkeit fällt die Zahl Sechs
    a) höchstens 12-mal, b) wenigstens 20-mal?

34. Ein Händler bezieht 50 Glühbirnen, für die der Ausschussanteil nach Herstellerangabe 5 % beträgt. Berechnen Sie unter der Annahme, dass die Herstellerangaben zutreffen, folgende Wahrscheinlichkeiten:
    a) Die Lieferung enthält genau 3 defekte Birnen.
    b) Die Lieferung enthält höchstens 3 defekte Birnen.
    c) Die Lieferung enthält mindestens 45 intakte Birnen.

35. Eine Kantine bietet freitags ein Fischgericht und 2 weitere Menüs an. Von den 100 Kantinenbenutzern wählt erfahrungsgemäß jeder dritte das Fischgericht. An einem Freitag bereitet der Kantinenkoch 33 Fischgerichte vor. Wie groß ist die Wahrscheinlichkeit, dass diese Anzahl nicht ausreicht?

36. Ein Artist schafft einen Doppelsalto mit der Wahrscheinlichkeit 0,2. Um ein Engagement beim Zirkus zu erhalten, muss er vorturnen und dabei in 10 Versuchen mindestens 6 gelungene Doppelsalti vorweisen. Mit welcher Wahrscheinlichkeit erhält er das Engagement?

37. Eine Laplace-Münze wird 50-mal geworfen. Man gewinnt, wenn Wappen in weniger als 20-mal oder öfter als 30-mal fällt. Berechnen Sie die Gewinnchance.

38. Fritzchen muss sich auf eine Prüfung vorbereiten, in der 10 Fragen zu beantworten sind. Zu jeder Frage werden zwei Alternativen gegeben, von denen genau eine richtig ist. Man darf jeweils nur eine Antwort ankreuzen. Die Prüfung gilt als bestanden, wenn der Prüfling auf mindestens 7 Fragen richtig antwortet.
    a) Mit welcher Wahrscheinlichkeit besteht Fritzchen die Prüfung, wenn er für die Prüfung überhaupt nichts lernt und bei allen Fragen rät?
    b) Fritzchen überlegt, auf wie viele Fragen er die Antwort wissen muss, damit er durch zufälliges Ankreuzen bei den anderen Fragen immer noch mit mindestens 75 % Wahrscheinlichkeit besteht.

6

Zufallsgrößen und ihre Wahrscheinlichkeitsverteilung

6.1 Der Begriff der Zufallsgröße

Ein Spieler wirft dreimal eine Laplace-Münze; es wird die folgende Gewinnregel vereinbart:

> Er gewinnt 3 €, wenn dreimal Wappen fällt und 2 €, wenn zweimal Wappen fällt. Fällt dagegen nur einmal Wappen, so verliert er 1 €. Für den Fall, dass Wappen überhaupt nicht erscheint, verliert er 6 €.

Die Ergebnismenge dieses Zufallsexperiments ist $\Omega = \{W, Z\}^3$ mit $|\Omega| = 2^3 = 8$.

$\omega \in \Omega$	(W|W|W)	(W|W|Z)	(W|Z|W)	(Z|W|W)	(W|Z|Z)	(Z|W|Z)	(Z|Z|W	(Z|Z|Z)
Gewinn in €	3	2	2	2	−1	−1	−1	−6

Interessiert nur der erzielte Gewinn oder Verlust, so reicht zur Beschreibung dieses Zufallsexperiments die Menge $\{-6, -1, 2, 3\}$ aus.

In dem Beispiel wird jedem Versuchsergebnis eine reelle Zahl zugeordnet. Die Tabelle kann als Wertetabelle einer Funktion $X: \Omega \to \mathbb{R}$ interpretiert werden. Dabei ist die Menge $\{-6, -1, 2, 3\}$ die Wertemenge dieser Funktion. Solche Funktionen bezeichnet man in der Wahrscheinlichkeitsrechnung als Zufallsgrößen:

> **Definition 6.1 (Zufallsgröße)**
> Es sei Ω die Ergebnismenge eines Zufallsexperiments. Eine Funktion der Form $X: \Omega \to \mathbb{R}, \omega \mapsto X(\omega)$ heißt **Zufallsgröße** auf Ω.
> Die Zahlen $X(\omega)$ heißen **Zufallswerte der Zufallsgröße** $\boldsymbol{X}$.

$X(\Omega) = \{-6, -1, 2, 3\}$ bezeichnet die Wertemenge der Zufallsgröße $X: \Omega \to \mathbb{R}$.

Welchen Wert aus $X(\Omega)$ die Zufallsgröße X bei einem Versuch tatsächlich annimmt, hängt vom Zufall ab.

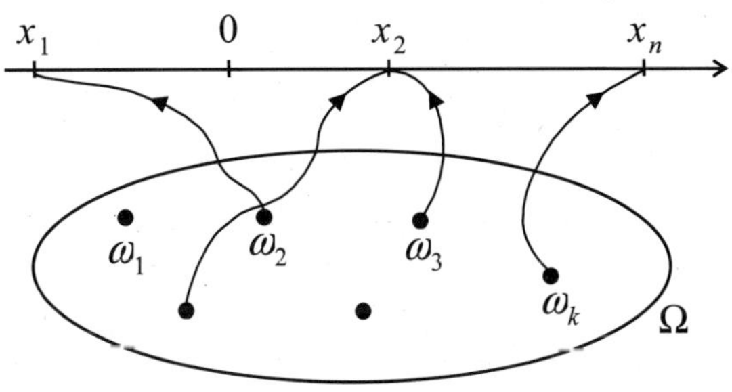

$\Omega = \{\omega_1, \omega_2, \ldots, \omega_k\}$ $X(\Omega) = \{x_1, x_2, \ldots, x_n\}$

Beispiel

In einer Firma stehen drei voneinander unabhängig arbeitende Maschinen. Man geht aus Erfahrung davon aus, dass eine Maschine während eines Tages höchstens einmal ausfällt. Durch den Ausfall der einzelnen Maschinen entsteht bei Maschine 1 und 2 ein Verlust von 300 € und bei Maschine 3 ein Verlust von 600 €. Die Firmenleitung interessiert sich für die möglichen Produktionsausfälle und die damit verbundenen Verluste.

Verwendet man das Symbol 1 für die Tatsache, dass eine Maschine einwandfrei arbeitet, und das Symbol 0 dafür, dass eine Maschine während eines Tages ausfällt, so kann die Zufallsgröße $X: \{0,1\}^3 \to \mathbb{R}$ durch folgende Tabelle beschrieben werden:

$\omega \in \Omega$	$(1\|1\|1)$	$(0\|1\|1)$	$(1\|0\|1)$	$(0\|0\|1)$	$(1\|1\|0)$	$(0\|1\|0)$	$(1\|0\|0)$	$(0\|0\|0)$
$X(\omega) \in \mathbb{R}$	0	300	300	600	600	900	900	1200

Dabei gilt: $X(\Omega) = \{0, 300, 600, 900, 1200\}$.

Aufgaben

1. Ein Glücksrad mit vier Sektoren wird zehnmal gedreht. Die Zahl 4 ist die Gewinnzahl. Die Zufallsgröße X zählt die Anzahl der Gewinne bei diesen zehn Versuchen. Geben Sie die Funktionsvorschrift für die Zufallsgröße X und ihre Wertemenge an.

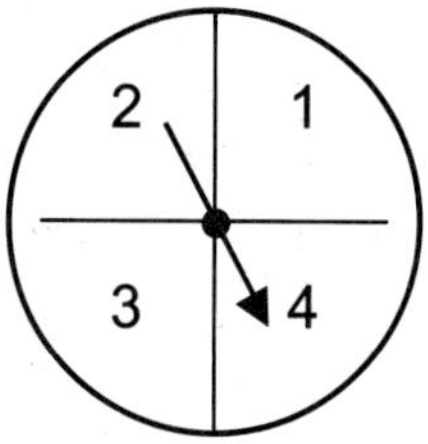

2. Geben Sie zu den Zufallsexperimenten die Ergebnismenge Ω und für die Zufallsgröße $X: \Omega \to \mathbb{R}$ die Wertemenge $X(\Omega)$ an.
   a) Aus einem Skatspiel mit 32 Karten wird viermal eine Karte entnommen, wobei die gezogene Karte jeweils wieder zurückgelegt wird. Die Zufallsgröße X zählt die Anzahl der gezogenen Asse.
   b) Beim Fußballtoto sind für 13 Spiele eines Spieltages eine 1 für einen Heimsieg, eine 0 für ein Unentschieden und eine 2 für einen Auswärtssieg zu tippen. Die Zufallsgröße X zählt die Anzahl der richtig getippten Spiele.
   c) Eine Laplace-Münze wird viermal geworfen. Die Zufallsgröße X zählt, wie oft in einem Ergebnis Zahl vorkommt.
   d) Eine Urne enthält fünf blaue und eine gelbe Kugel. Man entnimmt ohne Zurücklegen jeweils eine Kugel. Die Zufallsgröße X zählt die Anzahl der Versuche, bis die gelbe Kugel erscheint.
   e) Eine Münze wird solange geworfen, bis zum ersten Mal Zahl erscheint. Die Zufallsgröße X zählt die Anzahl der dazu benötigten Versuche.

6.2 Beschreibung von Ereignissen durch Zufallsgrößen

Eine Urne enthält 15 nummerierte Kugeln. Acht Kugeln tragen die Ziffer 0, vier die Ziffer 1 und drei die Ziffer 2. Man zieht ohne Zurücklegen nacheinander zwei Kugeln. Es wird ein Gewinnspiel vereinbart: bei einem Einsatz von 2 € erhält man die Summe der gezogenen Ziffern in € ausgezahlt.
Die Ergebnismenge dieses Zufallsexperiments ist

$$\Omega = \{0, 1, 2\}^2 = \{(0|0), (0|1), \ldots, (2|2)\}.$$

Die Zufallsgröße X beschreibt den Reingewinn:

$$X : \Omega \to \mathbb{R}, (i\,|\,j) \mapsto i + j - 2.$$

Man kann X auch durch eine Wertetabelle beschreiben:

$\omega \in \Omega$	$(0\|0)$	$(0\|1)$	$(0\|2)$	$(1\|0)$	$(1\|1)$	$(1\|2)$	$(2\|0)$	$(2\|1)$	$(2\|2)$
$X(\omega) \in \mathbb{R}$	−2	−1	0	−1	0	1	0	1	2

Für die Wertemenge gilt: $X(\Omega) = \{-2, -1, 0, 1, 2\}$.

Mithilfe der Zufallsgröße X lassen sich folgende Ereignisse beschreiben:

- E_1: „Man gewinnt oder verliert nichts."
  $E_1 = \{(0|2), (1|1), (2|0)\} = \{\omega \in \Omega \mid X(\omega) = 0\}$ oder kürzer $X = 0$
- E_2: „Man gewinnt 1 €."
  $E_2 = \{(1|2), (2|1)\} = \{\omega \in \Omega \mid X(\omega) = 1\}$ oder kürzer $X = 1$

Für eine Zufallsgröße X auf Ω ist $\{\omega \in \Omega \mid X(\omega) = x\}$ das Ereignis, welches zur Zahl $x \in X(\Omega)$ führt. Man schreibt dafür kurz auch $X = x$.
Dabei ist $X = x$ die Lösungsmenge der Gleichung $X(\omega) = x$ über der Grundmenge Ω. Die einzelnen Lösungen sind Ergebnisse, die Lösungsmenge ist ein Ereignis. Entsprechend sind die Ereignisse $X > x$, $X \geq x$, $X < x$ und $X \leq x$ erklärt. Es ist also zu beachten, dass die abkürzenden Schreibweisen $X = x$, $X > x$ usw. keine Gleichungen sind, sondern Mengen beschreiben.

Aufgaben

3. Das nebenstehende Glücksrad wird zweimal gedreht. Man gewinnt oder verliert die Differenz aus der ersten und der zweiten Zahl.

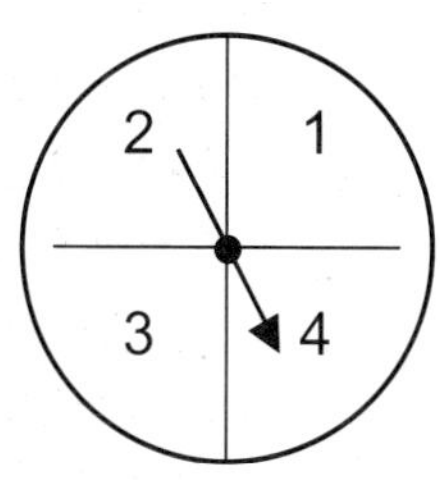

   a) Geben Sie die Ergebnismenge dieses Zufallsexperiments an.
   b) Die Zufallsgröße X beschreibe den Gewinn oder Verlust. Geben Sie die Abbildungsvorschrift für X und die zugehörige Wertemenge $X(\Omega)$ an.
   c) Geben Sie die Ereignisse $X = -3$, $X = 0$ und $X = 2$ an.

4. In einer Lostrommel sind eine große Zahl von Gewinnen und Nieten. Man zieht nacheinander drei Lose.
   a) Geben Sie die Ergebnismenge für dieses Zufallsexperiment an.
   b) Die Zufallsgröße X ordnet jedem Versuchsergebnis die Anzahl der Gewinne zu. Geben Sie für diese Zufallsgröße X eine Wertetabelle und die Wertemenge $X(\Omega)$ an.
   c) Geben Sie die Ereignisse in aufzählender Form an.
   E_1: „$X > 1$" ; E_2: „$X = 2$" ; E_3: „$X \leq 1$"
   E_4: „$X = 4$" ; E_5: „$1 \leq X \leq 3$"

5. Betrachtet wird das Zufallsexperiment «Werfen eines Laplace-Würfels» mit der Ergebnismenge $\Omega = \{1, 2, 3, 4, 5, 6\}$ und die Zufallsgröße
   $$X : \Omega \to \mathbb{R}, i \mapsto i^2 \text{ (Quadrat der Augenzahl).}$$
   Geben Sie die Ereignisse in aufzählender Form an:
   a) A: „$X = 25$" b) B: „$X = 19$"
   c) C: „$X \geq 16$" d) D: „$X < 15$"
   e) E: „$1 < X \leq 25$" f) F: „$X \neq 10$"
   g) G: „$X = 4$ oder $X = 36$" h) H: „$X > 5$ und $X \neq 16$"

6. Ein Laplace-Würfel wird zweimal geworfen.
   a) Geben Sie die Ergebnismenge Ω für dieses Zufallsexperiment an.
   b) Die Zufallsgröße X ordnet jedem Versuchsergebnis die Augensumme zu. Notieren Sie die Zufallsgröße X in der Form $X: \ldots \to \ldots, \ldots \mapsto \ldots$.
   c) Beschreiben Sie mithilfe von X die Ereignisse:
   $A = \{(5|6), (6|5)\}$,
   $B = \{(1|1), (1|2), (2|1), (2|2), (3|1), (1|3)\}$,
   $C = \{(3|6), (6|3), (4|5), (5|4), (4|6), (6|4), (5|5)\}$.

7. Eine Laplace-Münze wird viermal geworfen. Die Zufallsgröße $Y : \Omega \to \mathbb{R}$ zählt die Wechsel zwischen Zahl (Z) und Wappen (W) für ein Ergebnis ω.
   a) Berechnen Sie $Y((\text{W, W, Z, Z}))$, $Y((\text{Z, W, Z, Z}))$ und $Y((\text{W, W, Z, W}))$.
   b) Stellen Sie Y mithilfe einer Wertetabelle dar.
   c) Geben Sie die Ereignisse in aufzählender Form an:
   A: „$Y = 0$" , B: „$Y \geq 1$" , C: „$Y > 3$".

6.3 Die Wahrscheinlichkeitsverteilung einer Zufallsgröße

In Abschnitt 6.2 wurde ein Gewinnspiel mit einer Urne, die 15 nummerierte Kugeln enthält, betrachtet. Acht Kugeln tragen die Ziffer 0, vier die Ziffer 1 und drei die Ziffer 2. Man zieht ohne Zurücklegen nacheinander zwei Kugeln.

Die Ergebnismenge dieses Zufallsexperiments war:

$$\Omega = \{0;1;2\}^2 = \{(0\,|\,0),(0\,|\,1),\ldots,(2\,|\,2)\}.$$

Die zugehörigen Wahrscheinlichkeiten kann man dem folgenden Ergebnisbaum entnehmen.

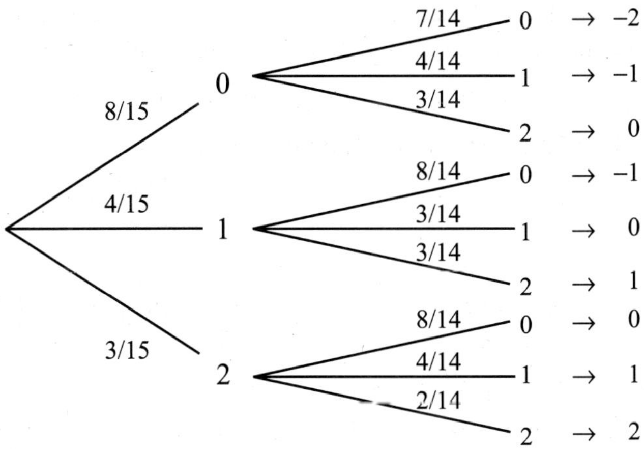

Die Zufallsgröße X beschreibt den Reingewinn:

$$X:\Omega \to \mathbb{R},(i\,|\,j)\mapsto i+j-2.$$

Die Wertemenge $X(\Omega)=\{-2,-1,0,1,2\}$ dient als Definitionsmenge einer Funktion f, die jedem $x\in X(\Omega)$ die Wahrscheinlichkeit des Ereignisses $X=x$ zuordnet. Die Wahrscheinlichkeiten $P(X=x)$ lassen sich aus dem Baumdiagramm bestimmen.

$X(\Omega)$ $f{:}\downarrow$ $\mathbb{R}$	x	-2	-1	0	1	2
	$P(X=x)$	$\frac{56}{210}$	$\frac{64}{210}$	$\frac{60}{210}$	$\frac{24}{210}$	$\frac{6}{210}$

Durch diese Tabelle wird eine Funktion von $X(\Omega)$ nach $\mathbb{R}$ beschrieben.

Definition 6.2 (Wahrscheinlichkeitsverteilung von X)

Es sei Ω die Ergebnismenge und P das Wahrscheinlichkeitsmaß eines Zufallsexperiments sowie X eine Zufallsgröße auf Ω. Eine Funktion der Form $f: X(\Omega)\to\mathbb{R}, x\mapsto P(X=x))$ heißt **Wahrscheinlichkeitsverteilung von X**.

Die Wahrscheinlichkeitsverteilung aus oben beschriebenen Beispiel kann grafisch dargestellt werden.

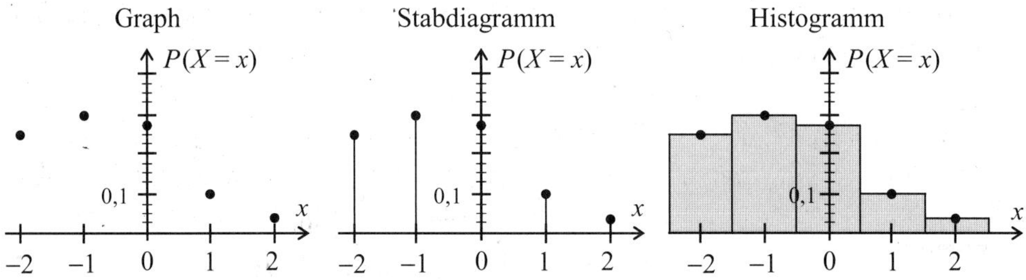

Bild a Bild b Bild c

Die Darstellung als Funktionsgraph gemäß Bild a ist in der Wahrscheinlichkeitstheorie nicht gebräuchlich. Man verwendet üblicherweise ein Stabdiagramm gemäß Bild b oder ein **Histogramm (Balkendiagramm)** gemäß Bild c.
Ein Histogramm ist eine aus Rechtecken bestehende graphische Darstellung, bei der der Zufallswert x in der Mitte der Basislinie liegt. Im allgemeinen Fall wählt man für die Rechtecke eines Histogramms

- als Breite Δx und
- als Höhe $\dfrac{P(X=x)}{\Delta x}$,

so dass die Maßzahl der Fläche eines Rechtecks der Wahrscheinlichkeit $P(X=x)$ entspricht. In vielen Fällen verwendet man für die Rechtecke speziell die Breite $\Delta x = 1$.

Aufgaben

8. Ein Laplace-Würfel wird zweimal geworfen. Ermitteln Sie zu den Zufallsgrößen die Wahrscheinlichkeitsverteilung. Zeichnen Sie ein Stabdiagramm.
   a) X: „$(i\,|\,j) \mapsto i+j$" (Augensumme)
   b) X: „$(i\,|\,j) \mapsto \min(i,j)$" (Kleinere oder gleiche Augenzahl)
   c) X: „$(i\,|\,j) \mapsto j$" (2. Augenzahl)
   d) X: „$(i\,|\,j) \mapsto \operatorname{sgn}(i-j)$" (Vorzeichen der Differenz)

9. Bei einem Zufallsexperiment wird eine Zufallsgröße X mit der folgenden Wahrscheinlichkeitsverteilung betrachtet:

x	1	2	4	5	8	9
$P(X=x)$	0,25	0,10	0,15	0,20	0,25	0,05

   a) Begründen Sie, dass durch diese Tabelle tatsächlich eine Wahrscheinlichkeitsverteilung definiert wird.
   b) Geben Sie die Wahrscheinlichkeiten an.
   ① $P(X<3)$ ② $P(X \geq 5)$ ③ $P(2 \geq X \geq 6)$
   ④ $P(X=2 \cup X=8))$ ⑤ $P(X \geq 3 \cup X \neq 8)$ ⑥ $P(|X-5| \leq 3)$

10. Eine Laplace-Münze wird viermal geworfen. Die Zufallsgröße X beschreibt die Anzahl der Wechsel zwischen Wappen und Zahl. Bestimmen Sie die Wertemenge von X, die Wahrscheinlichkeitsverteilung und zeichnen Sie das zugehörige Histogramm.

11. Von zwei Tennisspielern A und B gewinnt der Spieler A im Durchschnitt 3 von 4 Sätzen. Die beiden Spieler verabreden, solange zu spielen, bis der Spieler B zum ersten Mal ein Spiel gewinnt, höchstens jedoch sechs Spiele auszutragen.
    a) Geben Sie eine geeignete Ergebnismenge an.
    b) Die Zufallsgröße X beschreibe die Anzahl der absolvierten Spiele. Geben Sie die Wahrscheinlichkeitsverteilung von X an.
    c) Mit welcher Wahrscheinlichkeit ist die Begegnung spätestens mit dem dritten Spiel beendet?
    d) Mit welcher Wahrscheinlichkeit ist die Begegnung frühestens mit dem vierten Spiel beendet?
    e) Bei welcher Anzahl von Spielen ist die Begegnung mit einer Wahrscheinlichkeit von 75 % beendet?

6.4 Der Erwartungswert einer Zufallsgröße

In den USA gibt es ein Glücksspiel, das den Namen *Chuck-a-luck* trägt.

Ein Spieler darf gegen einen Einsatz von 1 Dollar eine der Zahlen 1 bis 6 wählen und muss dann drei Spielwürfel gleichzeitig werfen. Trägt keiner der Würfel die gewählte Zahl, so verfällt der Einsatz. Erscheint dagegen die gewählte Zahl, so erhält der Spieler zunächst seinen Einsatz zurück und zusätzlich 1 Dollar für jeden Würfel, der die gewählte Zahl trägt.

Ist dieses Spiel für den Spieler auf Dauer günstig?

Modellierung:

- Ergebnismenge: $\Omega = \{1, 2, 3, 4, 5, 6\}^3$ mit $|\Omega| = 6^3 = 216$
- Zufallsgröße X: Sie ordnet jedem Ergebnis den Gewinn in Dollar zu
- Wahrscheinlichkeitsverteilung der Zufallsgröße X
  Angenommen der Spieler hat die Zahl 5 gewählt. Es gibt 125 Tripel aus Ω, bei denen die Zahl 5 nicht vorkommt, 75 Tripel mit einmal 5, 15 Tripel mit zweimal 5 und 1 Tripel mit dreimal 5. Somit ergibt sich:

$x \in X(\Omega)$	-1	1	2	3
$P(X=x)$	$\frac{125}{216}$	$\frac{75}{216}$	$\frac{15}{216}$	$\frac{1}{216}$

In 216 Spielen kann der Spieler folgenden „Gewinn" erwarten:

$$125 \cdot (-1) + 75 \cdot 1 + 15 \cdot 2 + 1 \cdot 3 = -17.$$

Für ein einzelnes Spiel muss der Spieler auf lange Sicht mit einem Verlust rechnen:

$$\left(125 \cdot (-1) + 75 \cdot 1 + 15 \cdot 2 + 1 \cdot 3\right) : 216 = -\frac{17}{216}.$$

Die letzte Zeile lässt sich so umformen, dass die Produkte der Werte der Zufallsgröße X mit den zugehörigen Wahrscheinlichkeiten auftreten:

$$(-1) \cdot \frac{125}{216} + 1 \cdot \frac{75}{216} + 2 \cdot \frac{15}{216} + 3 \cdot \frac{1}{216} = -\frac{17}{216} \approx -0{,}079.$$

Auf lange Sicht muss der Spieler also je Spiel mit einem Verlust von 0,079 Dollar rechnen. Das Spiel ist also ungünstig für ihn.

Definition 6.3 (Zufallsgröße)

Es sei Ω die Ergebnismenge und P das Wahrscheinlichkeitsmaß eines Zufallsexperiments. X sei eine Zufallsgröße auf Ω und $X(\Omega) = \{x_1, x_2, \ldots, x_r\}$ die zugehörige Wertemenge. Dann heißt die Zahl

$$\mu = E(X) := \sum_{i=1}^{r} x_i \cdot P(X = x_i) = x_1 \cdot P(X = x_1) + \ldots + x_r \cdot P(X = x_r)$$

Erwartungswert der Zufallsgröße X. (μ, kl. griech. Buchstabe My)

Hinweise

1. Der Erwartungswert einer Zufallsgröße X muss nicht zu ihrer Wertemenge $X(\Omega)$ gehören. Außerdem ist der Erwartungswert $E(X)$ zu unterscheiden von dem Wert von X, der die größte Wahrscheinlichkeit besitzt.
2. Hinter Begriffen wie Gewinn, Rentabilität, Kosten, Spielchancen, Trefferzahl, Fairness einer Wette usw. verbirgt sich oft der Begriff Erwartungswert.
3. Beim Spiel Chuck-a-luck ist der Erwartungswert für den Gewinn des Spielers negativ, der Spieler wird auf lange Sicht gegen den Veranstalter des Glücksspiels verlieren. Die gängigen Glücksspiele wie Chuck-a-luck, Roulette, Lotto und Toto sind in diesem Sinne aus der Sicht des Spielers **unfair**. Ein Spiel, bei dem der Erwartungswert für den Gewinn oder den Verlust null ist, bezeichnet man als **fair**.

Beispiel

Ein Glücksspielautomat zeigt eines der folgenden Symbole an:

♣	♠	♥	♦
Kreuz	Pik	Herz	Karo

Die Zufallsgröße X beschreibt die Auszahlung in Euro, wobei folgende Wahrscheinlichkeitsverteilung gilt:

Symbole	Kreuz	Pik	Herz	Karo
x	0	b	10	20
$P(X=x)$	0,3	0,4	0,2	0,1
$x \cdot P(X=x)$	0	$0{,}4\,b$	2	2

Welchen Betrag b in Euro muss man bei Pik auszahlen, damit das Spiel bei einem Einsatz von 6 € fair ist?

Um die Berechnung des Erwartungswertes übersichtlich zu gestalten, empfiehlt es sich, die Wertetabelle der Wahrscheinlichkeitsverteilung um die Zeile $x \cdot P(X=x)$ zu ergänzen.

Für den Erwartungswert der Zufallsgröße X erhält man somit:

$$E(X) = 0 + 0{,}4 \cdot b + 2 + 2 = 0{,}4 \cdot b + 4 .$$

Wenn das Spiel fair sein soll, muss der Erwartungswert gleich dem Einsatz sein.

Dies führt zu einer Gleichung für den unbekannten Betrag b:

$$0{,}4 \cdot b + 4 = 6 \Leftrightarrow b = 5 .$$

Es müssen 5 € für Pik ausgezahlt werden.

Aufgaben

12. Gegeben ist die Wahrscheinlichkeitsverteilung einer Zufallsgröße X. Berechnen Sie den Erwartungswert von X und zeichnen Sie das zugehörige Stabdiagramm. Markieren Sie in dem Stabdiagramm auch den Erwartungswert der Zufallsgröße X.

a)

x	1	2	3	4	5
$P(X=x)$	0,1	0,2	0,4	0,2	0,1

b)

x	−3	−2	−1	1	2	3
$P(X=x)$	0,25	0,15	0,10	0,10	0,25	0,15

c)

x	0	1	4	5	6
$P(X=x)$	0,2	0,2	0,2	0,2	0,2

d)

x	−2	2	3	4	5
$P(X=x)$	0,60	0,20	0,10	0,05	0,05

e)

x	0	1	2	3	4
$P(X=x)$	$\frac{1}{15}$	$\frac{2}{15}$	$\frac{3}{15}$	$\frac{4}{15}$	$\frac{5}{15}$

f)

x	−2	0	1	3	4
$P(X=x)$	0,35	0,10	0,20	0,05	0,30

13. Ein Versicherungsunternehmen bietet auch für junge Leute im Alter von 25 bis 30 Jahre eine Risikolebensversicherung an, die jeweils für ein Jahr abgeschlossen wird. Für eine Versicherungssumme von 50 000 € ist eine jährliche Prämie von 480 € zu zahlen. Die Sterbewahrscheinlichkeit für junge Leute in diesem Alter beträgt pro Jahr 0,0075. Wie viel nimmt das Unternehmen pro Jahr an einem derartigen Vertrag durchschnittlich ein?

14. Bei Spielautomaten, wie sie in vielen Kneipen zu finden sind, beträgt der Einsatz für ein Spiel 30 Cent. Die Tabelle zeigt, wie sich die von einem derartigen Automaten ausgeschütteten Gewinne (in Cent) verteilen:

Gewinnbetrag	0	30	60	100	200	300
Wahrscheinlichkeit	0,75	0,14	0,05	0,03	0,02	0,01

Mit welchem Verlust je Spiel muss ein passionierter Spieler rechnen?

15. Ein Verkäufer in der Computerbranche tritt eine neue Stellung an. Für die Zahl monatlich verkaufter Computer kann man aufgrund zurückliegender Erfahrungen folgende Wahrscheinlichkeitsverteilung annehmen.

x	0	1	2	3	4	5
$P(X=x)$	0,05	0,15	0,35	0,30	0,10	0,05

Der Verkäufer kann zwischen zwei Provisionssystemen wählen:

I) 750 € Provision pro verkauftem Gerät ohne monatliches Grundgehalt.

II) Monatliches Grundgehalt von 1000 € und 250 € Provision pro verkauftem Gerät.

Welches System ist für den Verkäufer günstiger?

16. Ein Büroangestellter fährt jeden Morgen immer denselben Weg zur Arbeit. Auf seinem Weg liegen 5 Ampeln, die unabhängig voneinander mit der Wahrscheinlichkeit 1/3 rot sind. Wie viele Ampeln kann der Angestellte durchschnittlich passieren, bevor er an der ersten roten Ampel anhalten muss?

17. Jemand hat in seiner Hosentasche drei Münzen zu 10 Cent, zwei Münzen zu 50 Cent und zwei Münzen zu 1 Euro. Er nimmt gleichzeitig zwei der Geldstücke aus seiner Tasche und spendet sie bei einer Wohltätigkeitssammlung. Mit welchem Spendenbetrag ist zu rechnen?

18. Ernie und Bert vereinbaren folgendes Glücksspiel. Beide würfeln gleichzeitig mit verschiedenfarbigen Würfeln. Unterscheiden sich die beiden Augenzahlen um höchstens 1, so bekommt Ernie von Bert 4 €, andernfalls erhält Bert von Ernie 3 €. Für wen ist dieses Spiel auf lange Sicht günstiger?

19. In einer Lotterie werden ein erster Preis zu 1000 € und ein zweiter Preis zu 500 € verlost. Die zugehörigen Gewinnwahrscheinlichkeiten betragen 0,005 bzw. 0,008. Wie muss man den Preis für ein Los wählen, wenn diese Lotterie fair sein soll?

20. Zwei Laplace-Münzen werden gleichzeitig solange geworfen, bis beide Münzen Wappen zeigen, jedoch höchstens sechsmal. Mit welcher Anzahl von Würfen muss man durchschnittlich rechnen, bis man Erfolg hat?

6.5 Eigenschaften des Erwartungswertes

Ein Computerverkäufer erhält jeden Monat ein Grundgehalt von 1100€ und pro verkauftem Computer eine Provision von 50€.

Die Zufallsgröße X gebe die Anzahl der pro Monat verkauften Computer an. Aufgrund von Erfahrungswerten der letzten Monate wird folgende Wahrscheinlichkeitsverteilung angenommen:

x	5	6	7	8	9	10
$P(X=x)$	0,05	0,15	0,35	0,30	0,10	0,05
$x \cdot P(X=x)$	0,25	0,90	2,45	2,40	0,90	0,50

Der monatliche Verdienst des Verkäufers wird beschrieben durch die Zufallsgröße $50 \cdot X + 1100$.

$50 \cdot x + 1100$	1350	1400	1450	1500	1550	1600
$(50 \cdot X + 1100) \cdot P(X=x)$	67,50	210	507,50	450	155	80

Für ihren Erwartungswert ergibt sich aus der untersten Zeile der Tabelle:

$$E(50 \cdot X + 1100) = 67{,}5 + 210 + 507{,}50 + 450 + 155 + 80 = 1470.$$

Zum gleichen Ergebnis, aber rechnerisch einfacher gelangt man, wenn man die durchschnittliche Zahl der verkauften Computer berechnet

$$E(X) = 0{,}25 + 0{,}90 + 2{,}45 + 2{,}40 + 0{,}90 + 0{,}60 = 7{,}4.$$

Der monatliche Verdienst ergibt sich dann als

$$E(50 \cdot X + 1100) = 50 \cdot E(X) + 1100 = 50 \cdot 7{,}4 + 1100 = 1470.$$

Für den Monat Dezember erhält der Computerverkäufer das Angebot, auf das Grundgehalt zu verzichten und für das Quadrat der Anzahl der verkauften Computer eine Provision von 40€ zu erhalten. Ist dieses Angebot für den Verkäufer günstig?

x^2	25	36	49	64	81	100
$x^2 \cdot P(X=x)$	1,25	5,40	17,15	19,2	8,10	5

Für den Erwartungswert der quadrierten Zufallsgröße ergibt sich:

$$E(X^2) = \sum_{i=1}^{r} x_i^2 \cdot P(X = x_i) = 1{,}25 + 5{,}40 + 17{,}15 + 19{,}20 + 8{,}10 + 5 = 56{,}10.$$

Der durchschnittliche Verdienst im Dezember ist dann 56,10 · 40 € = 2244€.

Hinweis

Der Erwartungswert $E(X^2)$ der quadrierten Zufallsgröße X^2 darf nicht verwechselt werden mit dem Quadrat $(E(X))^2$ des Erwartungswerts $E(X)$:

$$(E(X))^2 = 7{,}4^2 = 54{,}75 \neq 56{,}10 = E(X^2).$$

Allgemein besitzt der Erwartungswert einer Zufallsgröße folgende Eigenschaften:

Satz 6.1 (Eigenschaften des Erwartungswertes)
Es sei Ω die Ergebnismenge und P das Wahrscheinlichkeitsmaß eines Zufallsexperiments. X sei eine Zufallsgröße auf Ω und $X(\Omega)=\{x_1, x_2, \dots, x_r\}$ die zugehörige Wertemenge. Dann gilt:

(1) $E(aX+b)=a\cdot E(X)+b$

(2) $E(X^2)=\sum_{i=1}^{r} x_i^2 \cdot P(X=x_i)=x_1^2\cdot P(X=x_1)+\ldots+x_r^2\cdot P(X=x_r)$

Aufgaben

21. Gegeben ist eine Zufallsgröße mit der Wahrscheinlichkeitsverteilung:

x	0	1	2	4	5
$P(X=x)$	0,1	0,1	0,3	0,2	0,3

a) Berechnen Sie den Erwartungswert von X und zeichnen Sie das Stabdiagramm zu X samt Erwartungswert.

b) Wie entsteht das Stabdiagramm von $X+2$ aus dem Diagramm von X?
Zeichnen Sie das Stabdiagramm zu $X+2$ und lesen Sie daraus den Erwartungswert ab.
Welcher Zusammenhang besteht zwischen $E(X)$ und $E(X+2)$?

c) Was ergibt sich für die Erwartungswerte von $2X$ und $3X-4$?

22. Gegeben ist eine Zufallsgröße X mit dem Erwartungswert $\mu=90$. Berechnen Sie den Erwartungswert der folgenden Zufallsgrößen

a) $Y=3X-15$ b) $Y=4X+30$ c) $Y=\frac{X-90}{10}$

23. Gegeben ist eine Zufallsgröße mit der Wahrscheinlichkeitsverteilung:

x	−2	−1	0	2	4	5
$P(X=x)$	0,2	0,1	0,3	0,1	0,2	0,1

a) Berechnen Sie den Erwartungswert von X und zeichnen Sie das Stabdiagramm zu X samt Erwartungswert.

b) Bestimmen Sie die Wahrscheinlichkeitsverteilung von X^2 und damit $E(X^2)$. Zeichnen Sie das Stabdiagramm für X^2 samt Erwartungswert.

c) Berechnen Sie $E(X^2)$ unmittelbar aus der Wahrscheinlichkeitsverteilung.

d) Vergleichen Sie $E(X^2)$ mit $(E(X))^2$.

6.6 Varianz und Standardabweichung

6.6.1 Definition der Varianz

Ein Mathematiklehrer unterrichtet in zwei Parallelklassen und schreibt eine Klassenarbeit als Vergleichsarbeit. In den Klassen A und B ergeben sich folgende Verteilungen der Noten:

Klasse A :	x	1	2	3	4	5	6
	$P(X=x)$	0,04	0,24	0,48	0,16	0,08	0,00

Klasse B :	y	1	2	3	4	5	6
	$P(Y=y)$	0,24	0,16	0,20	0,20	0,16	0,04

Für die Erwartungswerte ergibt sich $E(X)=E(Y)=3$. Beide Klassen haben also den gleichen Notendurchschnitt. Dennoch unterscheiden sich die beiden Klassen in ihrer Leistungsstärke deutlich. Dies lässt sich leicht aus den zugehörigen Stabdiagrammen entnehmen:

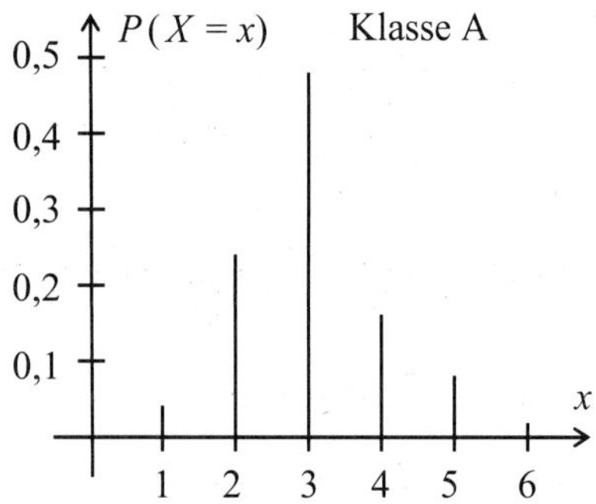

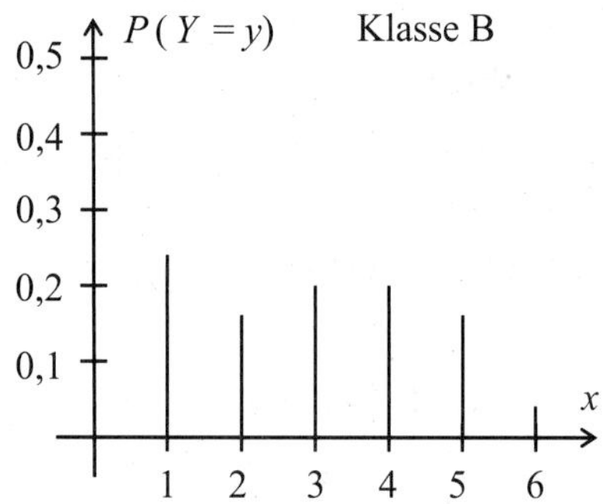

Man erkennt, dass in der Klasse A sehr gute und auch schlechte Noten selten auftreten. In der Klasse B gibt es neben einer großen Anzahl sehr guter Schüler auch recht viele Schüler mit schlechten Leistungen. Die Noten streuen stark um den Mittelwert 3.

Man benötigt für eine Zufallsgröße X neben dem Erwartungswert μ eine weitere Größe, die die Streuung der Wahrscheinlichkeitsverteilung um den Erwartungswert erfasst. Ein geeignetes Maß könnte die betragsmäßige Abweichung $|X-\mu|$ sein, da ja nur die Größe der Abweichungen und nicht ihre Richtungen interessieren.

Da aber das Rechnen mit Beträgen oft mühsam ist, verwendet man stattdessen die Zufallsgröße $(X-\mu)^2$, welche die quadratische Abweichung der Werte von X vom Erwartungswert μ beschreibt. Da das Quadrat einer Zahl immer gleich dem Quadrat ihrer Gegenzahl ist, spielt die Richtung der Abweichung keine Rolle. Darüber hinaus fallen Abweichungen umso stärker ins Gewicht, je größer sie sind.

Definition 6.4 (Varianz und Standardabweichung)
Es sei Ω die Ergebnismenge und P das Wahrscheinlichkeitsmaß eines Zufallsexperiments. X sei eine Zufallsgröße auf Ω mit dem Erwartungswert μ und der Wertemenge $X(\Omega) = \{x_1, x_2, \ldots, x_r\}$. Dann heißt die Zahl

$$\mathrm{Var}(X) := E\left((X-\mu)^2\right)$$

Varianz der Zufallsgröße X. Die Zahl $\sigma(X) := \sqrt{\mathrm{Var}(X)}$ bezeichnet man als **Standardabweichung** oder auch als **Streuung** der Zufallsgröße X.
(σ, kl. griech. Buchstabe Sigma)

Beispiel
Zwei verschiedene Firmen werben für je ein Schlafmittel, dessen Einnahme durchschnittlich 8 Stunden Schlaf verspricht. Die beiden Schlafmittel werden im Hinblick auf den Wahrheitsgehalt dieser Werbung getestet. Bezeichnen x bzw. y die Schlafdauer in Stunden für das Mittel A bzw. das Mittel B, so liefert der Test folgendes Ergebnis:

x, y	6,5	7	7,5	8	8,5	9	9,5
$P(X=x)$	0,02	0,08	0,18	0,44	0,19	0,06	0,03
$P(Y=y)$	0	0,13	0,23	0,30	0,19	0,15	0

Die beiden Wahrscheinlichkeitsverteilungen sind in einem Diagramm dargestellt:

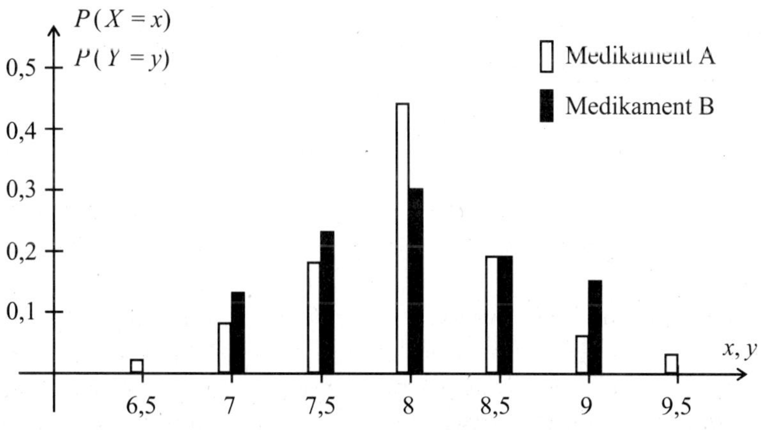

Es stellt sich die Frage, welches der beiden Schlafmittel zuverlässiger ist. Berechnet man die Erwartungswerte, so ergibt sich $E(X) = E(Y) = 8$, d.h. hierdurch ist keine Entscheidung möglich.

Um eine Entscheidung treffen zu können, muss man die zugehörigen Standardabweichungen zu Rate ziehen.

$$\begin{aligned}\mathrm{Var}(X) &= (6{,}5-8)^2\cdot 0{,}02+(7-8)^2\cdot 0{,}08+(7{,}5-8)^2\cdot 0{,}18+(8-8)^2\cdot 0{,}44\\ &\quad +(8{,}5-8)^2\cdot 0{,}19+(9-8)^2\cdot 0{,}06+(9{,}5-8)^2\cdot 0{,}03\\ &= (-1{,}5)^2\cdot 0{,}02+(-1)^2\cdot 0{,}08+(-0{,}5)^2\cdot 0{,}18+0^2\cdot 0{,}44\\ &\quad +0{,}5^2\cdot 0{,}19+1^2\cdot 0{,}06+1{,}5^2\cdot 0{,}03\\ &= 0{,}345\end{aligned}$$

Für die Standardabweichung gilt: $\sigma(X)=\sqrt{0{,}345}\approx 0{,}587$.

$$\begin{aligned}\mathrm{Var}(Y) &= (6{,}5-8)^2\cdot 0+(7-8)^2\cdot 0{,}13+(7{,}5-8)^2\cdot 0{,}23+(8-8)^2\cdot 0{,}30\\ &\quad +(8{,}5-8)^2\cdot 0{,}19+(9-8)^2\cdot 0{,}15+(9{,}5-8)^2\cdot 0\\ &= (-1{,}5)^2\cdot 0+(-1)^2\cdot 0{,}13+(-0{,}5)^2\cdot 0{,}23+0^2\cdot 0{,}30\\ &\quad +0{,}5^2\cdot 0{,}19+1^2\cdot 0{,}15+1{,}5^2\cdot 0\\ &= 0{,}385\end{aligned}$$

Für die Standardabweichung gilt: $\sigma(Y)=\sqrt{0{,}385}\approx 0{,}620$.

Es gilt $\sigma(X)<\sigma(Y)$. Daher erwartet man beim Medikament A eine geringere Abweichung vom Erwartungswert als bei Medikament B. Medikament A ist zuverlässiger.

Aufgaben

24. Ein Hersteller von elektrischen Maschinen untersucht die jährlichen Reparatur- und Wartungskosten für die von ihm gelieferten Maschinen.

0 €	20 €	40 €	60 €	80 €	100 €
35 %	20 %	20 %	12 %	8 %	5 %

a) Welche Gebühr für einen Wartungsvertrag sollte der Hersteller kalkulieren?

b) Wie hoch ist die Gebühr zu wählen, wenn der Hersteller zur Sicherheit zusätzlich noch die Berücksichtigung der Streuung fordert?

6.6.2 Verschiebungsformel

Gemäß der Definition des Erwartungswerts gilt für die Varianz:

$$\operatorname{Var}(X) := E\left((X-\mu)^2\right) = \sum_{i=1}^{r}(x_i-\mu)^2 \cdot P(X=x_i).$$

Die Berechnung von $\operatorname{Var}(X)$ mithilfe dieser Formel ist recht umständlich. Es gibt einen zweiten Weg, der eine bequemere Berechnung von $\operatorname{Var}(X)$ gestattet:

$$\begin{aligned}
\operatorname{Var}(X) &= E\left((X-\mu)^2\right) \\
&= \sum_{i=1}^{r}(x_i-\mu)^2 \cdot P(X=x_i) \\
&= \sum_{i=1}^{r}(x_i^2-2x_i\mu+\mu^2) \cdot P(X=x_i) \\
&= \underbrace{\sum_{i=1}^{r}x_i^2 \cdot P(X=x_i)}_{=E(X^2)} - 2\mu \cdot \underbrace{\sum_{i=1}^{r}x_i \cdot P(X=x_i)}_{=E(X)} + \mu^2 \cdot \underbrace{\sum_{i=1}^{r}P(X=x_i)}_{=1} \\
&= E(X^2) - 2 \cdot E(X) \cdot E(X) + \left(E(X)\right)^2 \\
&= E(X^2) - \left(E(X)\right)^2.
\end{aligned}$$

Satz 6.2 (Verschiebungsformel für die Varianz)
X sei eine Zufallsgröße auf Ω mit der Wertemenge $X(\Omega) = \{x_1, x_2, \ldots, x_r\}$ und dem Erwartungswert $E(X)$. Für die Varianz $\operatorname{Var}(X)$ gilt die Formel:

$$\operatorname{Var}(X) = E(X^2) - \left(E(X)\right)^2.$$

Beispiel

Für eine Zufallsgröße X gilt die Wahrscheinlichkeitsverteilung:

x	1	2	3	4	5
$P(X=x)$	0,1	0,2	0,3	0,3	0,1
$x \cdot P(X=x)$	0,1	0,4	0,9	1,2	0,5
$x^2 \cdot P(X=x)$	0,1	0,8	2,7	4,8	2,5

Die Varianz Var(X) soll auf zwei Arten berechnet werden.

- Für den Erwartungswert von X ergibt sich:

$$E(X) = 0{,}1 + 0{,}4 + 0{,}9 + 1{,}2 + 0{,}5 = 3{,}1.$$

Für den Erwartungswert von X^2 erhält man:

$$E(X^2) = 0{,}1 + 0{,}8 + 2{,}7 + 4{,}8 + 2{,}5 = 10{,}9.$$

Nach der Verschiebungsformel für die Varianz ergibt sich:

$$\operatorname{Var}(X) = E(X^2) - \left(E(X)\right)^2 = 10{,}9 - 3{,}1^2 = 1{,}29.$$

- Verwendet man die Definitionsgleichung der Varianz, so ist $\mu = E(X) = 3{,}1$ ebenfalls zu berechnen. Durch eine etwas aufwendigere Rechnung erhält man:

$$\begin{aligned}\operatorname{Var}(x) &= (1-3{,}1)^2 \cdot 0{,}1 + (2-3{,}1)^2 \cdot 0{,}3 + (3-3{,}1)^2 \cdot 0{,}3 \\ &\quad + (4-3{,}1)^2 \cdot 0{,}3 + (5-3{,}1)^2 \cdot 0{,}1 \\ &= 0{,}441 + 0{,}242 + 0{,}003 + 0{,}243 + 0{,}361 = 1{,}29.\end{aligned}$$

Für die Standardabweichung folgt $\sigma(X) = \sqrt{1{,}29} \approx 1{,}136$.

Abschließend soll für eine Zufallsgröße $aX + b$ die Varianz und die Standardabweichung berechnet werden. Nach Satz 6.1 gilt $E(aX+b) = a \cdot E(X) + b$ für den Erwartungswert von $aX + b$. Damit folgt:

$$\begin{aligned}\operatorname{Var}(aX+b) &= \sum_{i=1}^{r}[(ax_i+b) - E(aX+b)]^2 \cdot P(X=x_i) \\ &= \sum_{i=1}^{r}[(ax_i+b) - a \cdot E(X) - b]^2 \cdot P(X=x_i) \\ &= \sum_{i=1}^{r}[(ax_i - a \cdot E(X)]^2 \cdot P(X=x_i) \\ &= a^2 \cdot \sum_{i=1}^{r}[(x_i - E(X)]^2 \cdot P(X=x_i) \\ &= a^2 \cdot \operatorname{Var}(X).\end{aligned}$$

Satz 6.3 (Eigenschaft der Varianz und der Standardabweichung)

X sei eine Zufallsgröße auf Ω und es seien $a, b \in \mathbb{R}$. Dann gilt:

- $\operatorname{Var}(aX+b) = a^2 \cdot \operatorname{Var}(X)$
- $\sigma(aX+b) = |a| \cdot \sigma(X)$

Aufgaben

25. Berechnen Sie zu den gegebenen Zufallsgrößen den Erwartungswert $E(X)$, zeichnen Sie ein Stabdiagramm und bestimmen Sie $\mathrm{Var}(X)$ auf zwei Arten.

a)

x	1	2	3	4
$P(X_1 = x)$	0,1	0,4	0,3	0,2

b)

x	1	2	3	4
$P(X_2 = x)$	0,3	0,2	0,1	0,4

c)

x	−2	1	4	6
$P(X_3 = x)$	0,1	0,4	0,3	0,2

d)

x	0	2	3	4	5
$P(X_4 = x)$	0,2	0,2	0,3	0,2	0,1

e)

x	4	5	6	7
$P(X_5 = x)$	0,1	0,4	0,3	0,2

26. Betrachtet werden zwei Zufallsgrößen X und Y mit den folgenden Wahrscheinlichkeitsverteilungen:

x	0	2	4
$P(X = x)$	0,2	0,6	0,2

y	1	2	3
$P(Y = y)$	0,4	0,2	0,4

a) Zeichnen Sie die Stabdiagramme und berechnen Sie die Erwartungswerte. Schätzen Sie ohne Rechnung ab, welche der beiden Zufallsgrößen stärker streut.

b) Berechnen Sie die Varianz und die Streuung der beiden Zufallsgrößen.

27. Zwei Spieler spielen Roulette nach unterschiedlichen Strategien. Spieler A setzt stets einen Chip auf *unteres Drittel*, Spieler B setzt stets auf *die Zahl 1*. Spieler B bekommt bei einem Gewinn seinen Einsatz und das 35-fache seines Einsatzes, Spieler A dagegen nur seinen Einsatz und das Doppelte seines Einsatzes zurück. Die Zufallsgrößen X bzw. Y beschreiben die Reingewinne von A und B. Sie besitzen folgende Verteilungen:

x	2	−1	
$P(X = x)$	$\frac{12}{37}$	$\frac{25}{37}$	

y	35	−1	
$P(Y = y)$	$\frac{1}{37}$	$\frac{36}{37}$	

a) Berechnen Sie die Erwartungswerte $E(X)$ und $E(Y)$.

b) Berechnen Sie die Varianzen $\mathrm{Var}(X)$ und $\mathrm{Var}(Y)$ sowie die Standardabweichungen $\sigma(X)$ und $\sigma(Y)$.

c) Interpretieren Sie diese Ergebnisse im Hinblick auf die Risikofreudigkeit der beiden Spieler.

28. Für eine gezinkte Münze fällt Zahl mit der Wahrscheinlichkeit 1/3. Diese Münze wird dreimal geworfen. Die Zufallsgröße X beschreibt die Anzahl, mit der Wappen unmittelbar hintereinander auftritt.
Berechnen Sie die Varianz $\mathrm{Var}(X)$ und die Standardabweichung $\sigma(X)$.

29. In einem Karton befinden sich sechs Glühbirnen, von denen zwei defekt sind. Man entnimmt aus dem Karton ohne Zurücklegen so lange jeweils eine Glühbirne, bis man auf die erste defekte trifft. Die Zufallsgröße X beschreibt die Anzahl der benötigten Versuche.
Berechnen Sie die Varianz $\mathrm{Var}(X)$ und die Standardabweichung $\sigma(X)$.

30. Bei einem Glücksspiel wirft man gleichzeitig drei Würfel. Setzt man 1 € ein, erhält man 40 € bei der Augensumme 18 und 20 € bei der Augensumme 17.
   a) Berechnen Sie den Erwartungswert und die Standardabweichung für den Reingewinn des Veranstalters.
   b) Wie ändern sich die Ergebnisse aus Teil a), wenn man sowohl den Einsatz als auch die Gewinnbeträge verdoppelt?

Binomialverteilung

7.1 Binomial verteilte Zufallsgrößen

Nach den Erfahrungen der Polizei überschreitet in einer gefährlichen Kurve jeder fünfte Autofahrer die vorgeschriebene Höchstgeschwindigkeit. An einem Sonntagmorgen werden bei einer Geschwindigkeitskontrolle 6 Fahrzeuge überprüft.

Die Ergebnismenge dieses Zufallsexperiments ist $\Omega = \{0, 1\}^6$, wobei 1 für einen ertappten Verkehrssünder und 0 für einen vorschriftsmäßigen Autofahrer steht. Für die Finanzbehörden ist die Zahl der ertappten Verkehrssünder von Interesse. Diese Anzahl kann durch eine Zufallsgröße beschrieben werden:

$X : \Omega \to \mathbb{R}, \omega \mapsto k$ mit k = Anzahl der Verkehrssünder,

$X(\Omega) = \{0, 1, \ldots, 6\}$.

Gesucht ist die Wahrscheinlichkeitsverteilung von X.

Dieses Zufallsexperiment kann als eine Serie von 6 unabhängigen Bernoulli-Experimenten mit der Trefferwahrscheinlichkeit $p = 0{,}2$ gedeutet werden. Es liegt eine Bernoulli-Kette der Länge 6 vor. Nach der Formel von Bernoulli gilt:

$$P(X = k) = B(n\,;p\,;k) = \binom{n}{k} \cdot p^k \cdot (1-p)^{n-k}.$$

Im vorliegenden Fall ergibt sich für $n = 6$ und $p = 0{,}2$ folgende Wahrscheinlichkeitsverteilung (auf vier Dezimalen gerundet):

k	0	1	2	3	4	5	6
$P(X=k)$	0,2621	0,3932	0,2458	0,0819	0,0154	0,0015	0,0001

Mithilfe dieser Wahrscheinlichkeitsverteilung erhält man für den Erwartungswert und die Varianz von X: $E(X) = 1{,}2$ und $\operatorname{Var}(X) = 0{,}96$.

Definition 7.1 (Binomialverteilung)

Es seien $n \in \mathbb{N}^*$, $p \in [0;1]$ und X eine Zufallsgröße mit der Wertemenge $\{0, 1, \ldots, n\}$. X heißt **binomial verteilt** mit den Parametern n und p, wenn für die zugehörige Wahrscheinlichkeitsverteilung gilt:

$$P(X = k) = B(n\,;p\,;k) = \binom{n}{k} \cdot p^k \cdot (1-p)^{n-k}.$$

Dic zugchörigc Funktion

$$B_{n,p} : \{0, 1, \ldots, n\} \to \mathbb{R}, k \mapsto B(n\,;p\,;k)$$

heißt **Binomialverteilung** mit den Parametern n und p.

Die numerische Berechnung von Wahrscheinlichkeiten wie $P(X=k)$ ist in vielen Fällen recht mühsam. An dieser Stelle ist die Verwendung elektronischer Hilfsmittel sinnvoll.
In Zeiten, in denen diese Hilfsmittel noch nicht zur Verfügung standen, verwendete man Tafelwerke, in denen für bestimmte Werte von n und p die Wahrscheinlichkeiten $P(X=k)$ tabelliert waren.

Beispiel

Unter Verwendung von Tabelle 1 in Kapitel 10 oder eines elektronischen Hilfsmittels erhält man:

- $B(10;0,20;3)=P(X=3)=0,2013$
- $B(50;0,70;30)=P(X=30)=0,0370$

Aufgaben

1. Bestimmen Sie mithilfe von Tabelle 1 aus Kapitel 10 oder eines elektronischen Hilfsmittels die Wahrscheinlichkeiten.

   a) $P(X=0)$ für $n=5$ und $p=0{,}2$
   b) $P(X=7)$ für $n=7$ und $p=0{,}6$
   c) $P(X=13)$ für $n=15$ und $p=2/3$
   d) $P(X=11)$ für $n=20$ und $p=1/6$
   e) $P(X=1)$ für $n=10$ und $p=0{,}02$
   f) $P(X=8)$ für $n=9$ und $p=0{,}2$

2. Eine Zufallsgröße X mit der Wertemenge $X(\Omega)=\{0,1,2,3,4,5\}$ besitzt die Wahrscheinlichkeitsverteilung:

x	0	1	2	3	4	5
$P(X=x)$	0,015	0,100	0,260	0,340	0,225	0,060

   Man vermutet, dass X näherungsweise binomial verteilt ist, wobei Treffer und Nieten im Verhältnis 4 : 3 stehen.

   Überprüfen Sie diese Vermutung ohne Verwendung einer Tabelle.

3. Ein elektrisches Gerät enthält 10 elektronische Module, die unabhängig voneinander arbeiten. Das Gerät ist nur dann betriebsbereit, wenn jedes Modul ordnungsgemäß funktioniert. Die einzelnen Module fallen mit der Wahrscheinlichkeit 2 % aus. Mit welcher Wahrscheinlichkeit arbeitet das Gerät korrekt?

4. In einer Großstadt befinden sich vor dem Hauptbahnhof zehn Telefonzellen. Während des Feierabendverkehrs sind zu einem beliebigen Zeitpunkt durchschnittlich sechs Zellen besetzt. Wie groß ist die Wahrscheinlichkeit, dass jemand, der während des Feierabendverkehrs telefonieren möchte,

   a) genau eine freie Zelle vorfindet,

   b) warten muss,

   c) mehr als eine freie Zelle vorfindet?

5. Der Elfmeterschütze einer Fußballmannschaft verwandelt im Durchschnitt sechs von acht Strafstößen.
   Mit welcher Wahrscheinlichkeit verfehlt der Schütze in einer Saison bei 20 Strafstößen mehr als zweimal sein Ziel?

6. Die Wahrscheinlichkeit, dass ein bestimmter Tennisspieler bei eigenem Aufschlag auch den Punkt gewinnt, beträgt 2/3.
   Wie groß ist die Wahrscheinlichkeit, dass der Spieler

   a) drei von fünf aufeinander folgenden Punkten gewinnt,

   b) ein Aufschlagspiel „zu null" gewinnt, d.h. vier Punkte nacheinander gewinnt,

   c) bei vier aufeinander folgenden Punkten mindestens zwei Punkte abgibt?

7.2 Summenfunktion zur Binomialverteilung

Die numerische Berechnung, vor allem die von Wahrscheinlichkeiten wie $P(k \leq X \leq l)$, ist in vielen Fällen recht mühsam. Mittlerweile stehen hierfür elektronische Hilfsmittel zur Verfügung. In früheren Zeiten benutzte man Tabellen, in denen für bestimmte Werte von n und p die Wahrscheinlichkeiten $P(X \leq k)$ tabelliert sind.
Die Verwendung von Tabellen soll in zwei Beispielen verdeutlicht werden. Alternativ ist auch der Einsatz elektronischer Hilfsmittel möglich.

Beispiel 1

Die Zufallsgröße X sei binomial verteilt mit $n = 10$ und $p = 1/3$.

Im folgenden Fall ist die direkte Berechnung oder die Verwendung der Tabelle für die Binomialverteilung (Tabelle 1 in Kapitel 10) vom Aufwand noch vertretbar:

$$P(X \leq 2) = P(X = 0) + P(X = 1) + P(X = 2)$$
$$= 0{,}0173 + 0{,}0867 + 0{,}1952 = 0{,}2991.$$

Das gleiche Ergebnis kann man direkt aus der Tabelle für die Summenfunktion zur Binomialverteilung (Tabelle 2 in Kapitel 10) ablesen.

Die Tabelle zur Summenfunktion ist auch in folgender Situation verwendbar:

$$P(X < 7) = P(X \leq 6) = \mathbf{0{,}9083}.$$

Hierbei wird ausgenutzt, dass eine binomial verteilte Zufallsgröße nur ganzzahlige Werte annimmt.

Mithilfe der Tabelle für die Summenfunktion zur Binomialverteilung (Tabelle 2 in Kapitel 10) lassen sich auch z.B. Wahrscheinlichkeiten der Form $P(X \geq k)$, $P(X > k)$ und $P(k \leq X \leq l)$ berechnen.

Beispiel 2

Die Zufallsgröße X sei binomial verteilt mit $n = 20$ und $p = 2/3$. Es ist zu beachten, dass für Wahrscheinlichkeiten $p > 0{,}5$ die Tabelle für die Summenfunktion von unten nach oben und von rechts nach links zu lesen ist.

- $P(X \leq 15) = 0{,}8485$
- $P(X > 17) = 1 - P(X \leq 17) = 1 - 0{,}9824 = 0{,}0176$
- $P(10 \leq X \leq 16) = P(X \leq 16) - P(X \leq 9) = 0{,}9396 - 0{,}0376 = 0{,}9020$

Zu den Tabellen, die in den Beispielen verwendet werden, gehört die Funktion

$$F_{n,p} : \mathbb{R} \to [0\,;1],\, x \mapsto P(X \leq x).$$

Man bezeichnet sie als **Summenfunktion** oder auch als **(kumulative) Verteilungsfunktion** der Zufallsvariable X. Zu beachten ist, dass x nicht notwendigerweise ein Wert sein muss, den X auch tatsächlich annimmt.

Aufgaben

7. Bestimmen Sie mithilfe der Tabelle 2 in Kapitel 10 zur Berechnung der Summenfunktion der Binomialverteilung oder durch Einsatz eines elektronischen Hilfsmittels die Wahrscheinlichkeiten:

a)	$P(X \leq 6)$	für	$n = 8$	und	$p = 0{,}4$
b)	$P(X \leq 11)$	für	$n = 20$	und	$p = 0{,}2$
c)	$P(X \leq 11)$	für	$n = 50$	und	$p = 0{,}5$
d)	$P(X \leq 5)$	für	$n = 9$	und	$p = 2/3$
e)	$P(X \leq 69)$	für	$n = 100$	und	$p = 0{,}7$
f)	$P(X \leq 19)$	für	$n = 20$	und	$p = 0{,}6$

8. Bestimmen Sie mithilfe der Tabelle 2 in Kapitel 10 zur Berechnung der Summenfunktion der Binomialverteilung oder durch Einsatz eines elektronischen Hilfsmittels die Wahrscheinlichkeiten:

a)	$P(X \leq 3)$	für	$n = 50$	und	$p = 0{,}03$
b)	$P(X < 17)$	für	$n = 20$	und	$p = 0{,}6$
c)	$P(X \geq 5)$	für	$n = 9$	und	$p = 1/3$
d)	$P(X > 7)$	für	$n = 12$	und	$p = 0{,}9$
e)	$P(19 \leq X \leq 23)$	für	$n = 50$	und	$p = 0{,}3$
f)	$P(50 < X < 70)$	für	$n = 100$	und	$p = 0{,}6$
g)	$P(7 \leq X < 12)$	für	$n = 15$	und	$p = 2/3$
h)	$P(12 \leq X < 14)$	für	$n = 19$	und	$p = 0{,}9$

9. Bestimmen Sie mithilfe der Tabellen in Kapitel 10 die Zahl k, für die erstmals gilt:

a)	$P(X = k) > 0{,}25$	für	$n = 10$	und	$p = 0{,}4$
b)	$P(X = k) > 0{,}1$	für	$n = 20$	und	$p = 0{,}7$
c)	$P(X = k) > 0{,}7$	für	$n = 8$	und	$p = 0{,}03$
d)	$P(X = k) > 0{,}95$	für	$n = 10$	und	$p = 0{,}2$
e)	$P(X = k) > 0{,}8$	für	$n = 100$	und	$p = 2/3$
f)	$P(X = k) > 0{,}8$	für	$n = 50$	und	$p = 0{,}8$

10. In einer deutschen Großstadt rauchen 40 % der erwachsenen Einwohner. Zehn zufällig ausgewählte Erwachsene werden nach ihren Rauchgewohnheiten befragt.
    a) Weshalb kann man hier eine Binomialverteilung zugrunde legen?
    b) Mit welcher Wahrscheinlichkeit sind mehr als vier der Befragten Raucher?
    c) Mit welcher Wahrscheinlichkeit trifft man auf mindestens zwei und höchstens fünf Raucher?

11. Zu kleine Stichproben ergeben oft ein falsches Bild. In einem fernen Land befürworten 60 % der Bewohner die Fortschrittspartei und 40 % die Volkspartei. Ein Reporter befragt vier Bürger. Wie groß ist die Wahrscheinlichkeit, dass sich die Mehrheit der Befragten für die Fortschrittspartei entscheidet?

12. Fünf Arbeiter, die in einer Werkstatt unabhängig voneinander arbeiten, benötigen ein Spezialwerkzeug, und zwar jeder mit Unterbrechungen durchschnittlich 10 Minuten pro Stunde. Reichen drei dieser Werkzeuge aus, wenn man in Kauf nehmen will, dass ein Arbeiter mit einer Wahrscheinlichkeit von höchstens 1 % warten muss?

13. Von einer bestimmten Sorte von Feuerwerkskörpern, wie sie vor Silvester verkauft werden, weiß man aus längerer Erfahrung, dass durchschnittlich 20 % nicht zünden.
    a) Erna kauft drei dieser Feuerwerkskörper. Wie groß ist die Wahrscheinlichkeit, dass mindestens zwei davon zünden?
    b) Fritzchen möchte zu 95 % sicher sein, dass mindestens zwei seiner Feuerwerkskörper auch wirklich zünden. Er kauft vier Feuerwerkskörper. Reichen sie aus?

14. In einer Werkskantine werden freitags ein Fischgericht und zwei Fleischgerichte angeboten. Von den 100 in der Kantine essenden Werksangehörigen wählt erfahrungsgemäß jeder vierte das Fischgericht.
    a) Die Küche bereitet 25 Fischgerichte vor. Mit welcher Wahrscheinlichkeit reichen sie aus?
    b) Wie viele Fischgerichte müssen vorbereitet werden, damit sie mit einer Wahrscheinlichkeit von mindestens 90 % ausreichen?

15. a) Ein Reiseunternehmen weiß aus Erfahrung, dass 10 % der Buchungen für eine bestimmte Tagesfahrt wieder storniert werden. Es sieht einen Bus mit 47 Plätzen vor und nimmt 50 Buchungen entgegen. Wie groß ist die Wahrscheinlichkeit, dass ein größerer Bus als der geplante eingesetzt werden muss?
    b) Für eine andere Fahrt nimmt die Gesellschaft 50 Buchungen entgegen. Die Wahrscheinlichkeit für die Stornierung einer Buchung beträgt wieder 10 %. Wie viele Plätze muss der für die Fahrt vorgesehene Bus mindestens haben, wenn das Risiko, einen größeren Bus einsetzen zu müssen, höchstens 5 % betragen soll?
    c) Wie groß ist die Wahrscheinlichkeit, dass bei 50 vorliegenden Buchungen und erfahrungsgemäß 10 % Stornierungen die Zahl der beförderten Fahrgäste mindestens 43 und höchstens 46 beträgt?

16. Fritzchen fährt jeden Morgen den gleichen Weg zur Arbeit. Auf seiner Fahrstrecke liegen 12 Ampeln, die unabhängig voneinander arbeiten. Die Wahrscheinlichkeit, dass er an einer Ampel anhalten muss, beträgt 50 %.

    Wenn Fritzchen morgens an weniger als vier Ampeln anhalten muss, hat er noch Zeit, vor dem Arbeitsbeginn eine Tasse Kaffee zu trinken. Trifft er dagegen auf mehr als sieben rote Ampeln, so kommt er wieder einmal zu spät. Ist dies in einer Woche mit fünf Arbeitstagen mehr als einmal der Fall, so muss er am Freitag eine Stunde länger arbeiten.

    a) Mit welcher Wahrscheinlichkeit kommt Fritzchen in einer Woche an genau zwei Arbeitstagen in den Genuss einer Tasse Kaffee vor Arbeitsbeginn?
    b) Mit welcher Wahrscheinlichkeit ist dies an zwei beliebigen aufeinander folgenden Arbeitstagen der Fall (z.B. auch freitags und montags)?
    c) Mit welcher Wahrscheinlichkeit muss Fritzchen freitags länger arbeiten?

7.3 Erwartungswert und Standardabweichung binomial verteilter Zufallsgrößen

Ein Multiple-Choice-Test besteht aus insgesamt 25 Fragen. Bei jeder Frage gibt es 5 Antwortmöglichkeiten, von denen jeweils genau eine richtig ist. Mit wie vielen richtigen Antworten muss man bei diesem Test rechnen, wenn man davon ausgeht, dass der Prüfling blind rät?
Die Zufallsgröße X zähle die Anzahl der richtigen Antworten. Es liegt eine Bernoulli-Kette der Länge 25 mit der Trefferwahrscheinlichkeit 0,2 vor.

Man kann sich X als Summe von 25 „Hilfszufallgrößen" $X_1, \ldots, X_{25}$ zusammengesetzt denken. Hierbei beschreibt X_i den Ausgang des i-ten Bernoulli-Experiments und hat den folgenden Erwartungswert:

$$E(X_i) = 0,2 \cdot 1 + 0,8 \cdot 0 = 0,2\,.$$

Für Zufallsgrößen $X_1, X_2, \ldots, X_n$ gilt (ohne Beweis):

$$E(X_1 + X_2 + \ldots X_n) = E(X_1) + E(X_2) + \ldots + E(X_n)\,.$$

Für $X = X_1 + X_2 + \ldots + X_{25}$ folgt somit:

$$E(X) = E(X_1) + E(X_2) + \ldots + E(X_{25}) = 25 \cdot 0,2 = 5\,.$$

Bei einem Prüfling, der nur rät, muss man also in dem Test im Durchschnitt mit 5 richtigen Antworten rechnen.

Betrachtet man allgemein für eine Bernoulli-Kette der Länge n mit der Trefferwahrscheinlichkeit p die Zufallsgrößen

$$X_i = \begin{cases} 1, & \text{falls im } i\text{-ten Versuch ein Treffer fällt} \\ 0, & \text{falls im } i\text{-ten Versuch eine Niete fällt} \end{cases}$$

so besitzt X_i den Erwartungswert und die Varianz:

$E(X_i) = p \cdot 1 + (1-p) \cdot 0 = p$ und

$$\begin{aligned} \mathrm{Var}(X_i) &= p \cdot (1-p)^2 + (1-p) \cdot (0-p)^2 \\ &= p - 2p^2 + p^3 + p^2 - p^3 = p - p^2 = p(1-p). \end{aligned}$$

Für den Erwartungswert der Zufallsgröße $X = X_1 + X_2 + \ldots + X_n$ folgt dann:

$$E(X) = E(X_1) + E(X_2) + \ldots + E(X_n) = n \cdot p\,.$$

Für unabhängige Zufallsgrößen $X_1, X_2, \ldots, X_n$ gilt (ohne Beweis):

$$\mathrm{Var}(X_1 + X_2 + \ldots + X_n) = \mathrm{Var}(X_1) + \mathrm{Var}(X_2) + \ldots + \mathrm{Var}(X_n)\,.$$

Für die Varianz ergibt sich dann entsprechend:

$$\mathrm{Var}(X) = \mathrm{Var}(X_1) + \mathrm{Var}(X_2) + \ldots + \mathrm{Var}(X_n) = n \cdot p \cdot (1-p)\,.$$

Der Erwartungswert und die Varianz einer binomial verteilten Zufallsgröße lassen sich besonders einfach berechnen.

Satz 7.1 (Erwartungswert und Varianz binomial verteilter Zufallsgrößen)
X sei eine binomial verteilte Zufallsgröße mit den Parametern n und p. Dann gilt für den Erwartungswert und die Varianz von X:

$$\mu = E(X) = n \cdot p \quad \text{und} \quad \operatorname{Var}(X) = n \cdot p \cdot (1-p).$$

Aufgaben

17. Berechnen Sie den Erwartungswert μ, die Varianz $\operatorname{Var}(X)$ und die Streuung σ für eine binomial verteilte Zufallsgröße X mit den Parametern:
    a) $n = 700$ und $p = 0{,}2$
    b) $n = 500$ und $p = 0{,}9$
    c) $n = 75$ und $p = 0{,}75$

18. Berechnen Sie für eine binomial verteilte Zufallsgröße X die Parameter n und p, wenn für den Erwartungswert μ und die Streuung σ gilt:
    a) $\mu = 20$ und $\sigma = 4$
    b) $\mu = 18$ und $\sigma = 3$

19. Es sei X eine binomial verteilte Zufallsgröße mit den Parametern $n = 10$ sowie $p = 0{,}4$. Berechnen Sie anhand der entsprechenden Tabelle oder eines elektronischen Hilfsmittels:
    a) $P(X = 5)$
    b) $P(X \leq \mu)$
    c) $P(X \leq \mu + \sigma)$
    d) $P(|X - \mu| < 10 \cdot \sigma)$
    e) $P(|X - \mu| > 3)$

20. In einem gefährlichen Autobahntunnel übertreten erfahrungsgemäß 30 % der Autofahrer die vorgeschriebene Höchstgeschwindigkeit. Ein Radarwagen der Polizei kontrolliert 250 Fahrzeuge. Mit wie vielen Bußbescheiden ist zu rechnen? Wie groß ist dabei die Streuung?

Bei den folgenden Aufgaben ist an einigen Stellen der Einsatz eines Tabellenwerks oder eines elektronischen Hilfsmittels sinnvoll.

21. Fritzchen hat für einen Test absolut nichts gelernt. Er muss insgesamt 20 Multiple-Choice-Aufgaben bearbeiten. Jede Aufgabe besitzt vier Antwortalternativen, von denen genau eine richtig ist.
    a) Mit wie vielen richtigen Antworten kann Fritzchen rechnen?
    b) Wie groß ist die Wahrscheinlichkeit, dass die Zahl der von Fritzchen richtig gelösten Aufgaben den Erwartungswert μ um mehr als σ übertrifft?

22. Ein Test besteht aus 15 Multiple-Choice-Fragen, jede mit vier Antwortalternativen, von denen genau eine richtig ist. Ein Prüfling rät bei jeder der Fragen.
    a) Bestimmen Sie den Erwartungswert und den wahrscheinlichsten Wert für die Anzahl der richtig beantworteten Fragen.
    b) Der Prüfling brüstet sich nach der Prüfung mit der Behauptung, alle Fragen falsch beantwortet zu haben. Ist diese Aussage des Prüflings realistisch?

23. Eine Schule hat 800 Schüler. Am Ende des Schuljahres erreichen durchschnittlich 5 % der Schüler nicht das Klassenziel. Die Zufallsgröße X beschreibt die Anzahl der nicht versetzten Schüler.
    a) Bestimmen Sie das σ-Intervall und das 1,5 σ-Intervall um den Erwartungswert von X.
    b) Zum Ende des Schuljahres werden insgesamt 46 Schüler nicht versetzt. Ein Schüler behauptet, dass der Grund hierfür in der besonders strengen Notengebung der Lehrer im letzten Schuljahr liegt. Hat er Recht?

24. Von den 50 Lehrern einer Schule kommen durchschnittlich 80 % mit dem eigenen Auto zur Schule. Die Zufallsgröße X beschreibt die Anzahl der benötigten Parkplätze.
    a) Berechnen Sie das 2σ-Intervall um den Erwartungswert μ von X sowie die zugehörige Wahrscheinlichkeit.
    b) Mit welcher Wahrscheinlichkeit reichen 35 Parkplätze?
    c) Wie viele Parkplätze müssen vorhanden sein, damit sie mit einer Wahrscheinlichkeit von mindestens 98 % ausreichen?

25. Die Fernsehübertragung eines entscheidenden Fußballspiels der deutschen Fußballnationalmannschaft wurde von 60 % aller Einwohner gesehen. Am nächsten Tag werden von einem Reporterteam 100 Personen nach ihrer Meinung zum Spiel befragt. Bestimmen Sie ein Intervall um den Erwartungswert, in dem mit mindestens 90 % Sicherheit die Zahl der Befragten liegt, die das Spiel gesehen haben.

26. Zu Beginn des Schuljahres findet für die Eltern der neu aufgenommenen Schüler einer Schule eine Informationsveranstaltung statt. Eingeladen sind dazu beide Elternteile. Erfahrungsgemäß folgen 80 % der Eltern der Einladung. In diesem Schuljahr wurden 50 Schülerinnen und Schüler in die Klassenstufe 5 neu aufgenommen.
    a) Die Aula der Schule verfügt über 75 Sitzplätze. Mit welcher Wahrscheinlichkeit reichen diese aus?
    b) Wie viele Stühle muss man in der Aula zusätzlich bereithalten, damit das Risiko, zu wenige Sitzplätze zu haben, weniger als 2 % beträgt?
    c) Bestimmen Sie ein symmetrisches Intervall, in dem die Zahl der erscheinenden Eltern mit mindestens 95 % Wahrscheinlichkeit liegt.

7.4 Das Gesetz der großen Zahlen

Ist die Wahrscheinlichkeitsverteilung einer Zufallsgröße gegeben, so lassen sich zugehörige Wahrscheinlichkeiten rechnerisch bestimmen. In der Praxis ist die Wahrscheinlichkeitsverteilung vielfach jedoch nicht gegeben. Mithilfe von Stichproben lassen sich jedoch gute Näherungswerte für den Erwartungswert $E(X)$ und die Varianz $\mathrm{Var}(X)$ der betrachteten Zufallsgröße ermitteln.

Auf den russischen Mathematiker **Tschebyscheff** geht eine Ungleichung zurück, mit deren Hilfe man gesuchte Wahrscheinlichkeiten zumindest abschätzen kann. Für die Wahrscheinlichkeit, dass eine Zufallsgröße X einen Wert annimmt, der innerhalb eines bestimmten Bereichs um den Erwartungswert $E(X)$ liegt, gilt (ohne Beweis):

$$P(|X-E(X)|<c)\geq 1-\frac{\mathrm{Var}(X)}{c^2}.$$

Diese Ungleichung gilt allgemein für alle Verteilungen.

Pafnuti L. Tschebyscheff (1821 - 1894) gilt als einer der bedeutendsten russischen Mathematiker des 19. Jahrhunderts. Bekannt geworden sind vor allem seine Arbeiten auf dem Gebiet der Wahrscheinlichkeitsrechnung.

P. Tschebyscheff

Beispiel 1

Beim Werfen eines Laplace-Würfels wird das Ereignis betrachtet:

A: „Die Augenzahl ist mindestens fünf."

Würfelt man 180-mal, so entsteht eine Bernoulli-Kette der Länge 180 und der Trefferwahrscheinlichkeit $p = P(A) = 1/3$.

Die Zufallsgröße X beschreibe die absolute Häufigkeit und die Zufallsgröße H die relative Häufigkeit von A in dieser Serie von 180 Versuchen.

Mit welcher Wahrscheinlichkeit weicht dabei die relative Häufigkeit H von der Wahrscheinlichkeit p um weniger als 10 % ab?

X ist binomial verteilt mit den Parametern $n = 180$ und $p = 1/3$. Für den Erwartungswert und die Varianz gilt:

$$E(X)=n\cdot p=180\cdot\frac{1}{3}=60 \text{ und } \mathrm{Var}(X)=n\cdot p\cdot(1-p)=180\cdot\frac{1}{3}\cdot\frac{2}{3}.$$

Für die Zufallsgröße $H = \frac{X}{n}$ ergibt sich:

$$E(H) = E(\frac{X}{n}) = \frac{1}{n} \cdot E(X) = 60:180 = \frac{1}{3} = p$$

und

$$\text{Var}(H) = \text{Var}(\frac{X}{n}) = \frac{1}{n^2} \cdot \text{Var}(X) = 40:180^2 \approx 0{,}00123.$$

Die Ungleichung von Tschebyscheff liefert die Abschätzung

$$P(|H-p|<0{,}1) = P(|H-E(H)|<0{,}1) \geq 1 - \frac{\text{Var}(H)}{0{,}1^2} \approx 1 - 0{,}123 = 87{,}7\,\%.$$

Die relative Häufigkeit H weicht also von p mit einer Wahrscheinlichkeit von etwa 88 % um weniger als 0,1 ab.

Wir betrachten allgemein ein Ereignis A mit der Wahrscheinlichkeit p in einem Zufallsexperiment. Dann führt die n-malige Durchführung dieses Experiments zu einer Bernoulli-Kette. Wie im obigen Beispiel beschreibe X die absolute und H die relative Häufigkeit von A in dieser Serie von n Versuchen.

X ist binomial verteilt mit den Parametern n und p. Daher gilt:

$$E(X) = n \cdot p \text{ und } \text{Var}(X) = n \cdot p \cdot (1-p).$$

Für die Zufallsgröße $H = \frac{X}{n}$, welche die relative Häufigkeit von A in dieser Serie beschreibt, ergibt sich:

$$E(H) = E(\frac{X}{n}) = \frac{1}{n} \cdot n \cdot p = p$$

und

$$\text{Var}(H) = \text{Var}(\frac{X}{n}) = \frac{1}{n^2} \cdot \text{Var}(X) = \frac{1}{n^2} \cdot (n \cdot p \cdot (1-p) = \frac{p \cdot (1-p)}{n}.$$

Die Ungleichung von Tschebyscheff liefert eine Abschätzung dafür, dass sich die relative Häufigkeit H von A in dieser Serie von n Versuchen von der zugehörigen Wahrscheinlichkeit p um weniger als eine Schranke c unterscheidet:

$$P(|H-E(H)|<c) = P(|H-p|<c) \geq 1 - \frac{p \cdot (1-p)}{n \cdot c^2}.$$

Diese Ungleichung lässt sich folgendermaßen interpretieren:

> Die Wahrscheinlichkeit dafür, dass sich die relative Häufigkeit eines Treffers um weniger als eine beliebig kleine, aber fest gewählte Schranke c, von der Wahrscheinlichkeit p des Treffers unterscheidet, wächst mit zunehmender Länge n der Bernoulli-Kette und kommt dem Wert 1 beliebig nahe.

Die relative Häufigkeit H erweist sich damit für ausreichend große Kettenlängen n als ein guter „Messwert" für die Wahrscheinlichkeit. Dieser Sachverhalt geht auf **Jacob Bernoulli** zurück und stellt die Hauptaussage des im Jahr 1685 unter dem Namen **Ars Conjectandi** veröffentlichten Werkes dar. Heute verwendet man die Bezeichnung **Schwaches Gesetz der großen Zahlen**:

Satz 7.2 (Schwaches Gesetz der großen Zahlen von Jacob Bernoulli)

Die Wahrscheinlichkeit dafür, dass bei n unabhängigen Durchführungen eines Zufallsexperiments die relative Häufigkeit H eines Ereignisses A von der Wahrscheinlichkeit $P(A)$ höchstens um eine beliebige Zahl $c > 0$ abweicht, strebt für $n \to \infty$ gegen 1.

Häufig ist die Trefferwahrscheinlichkeit p unbekannt. In diesem Fall kann man das Produkt $p \cdot (1-p)$ durch seinen Maximalwert ¼ abschätzen (siehe Aufg. 27):

$$P(|H-p|<c) \geq 1-\frac{1}{4 \cdot c^2}.$$

Beispiel 2

Die Wahrscheinlichkeit p für das Eintreten eines Ereignisses A sei unbekannt. Wie oft muss das zugehörige Zufallsexperiment durchgeführt werden, damit die Wahrscheinlichkeit dafür, dass die relative Häufigkeit H von A in dieser Versuchsserie von p um weniger als 10 % abweicht, mindestens 95 % beträgt?

Die gesuchte Zahl $n \in \mathbb{N}$ lässt sich aufgrund des obigen Satzes aus der Ungleichung

$$P(|H-p|<0{,}1) \geq 1-\frac{p \cdot (1-p)}{n \cdot 0{,}1^2}$$

berechnen.

Die Forderung $P(|H-p|<0{,}1) \geq 0{,}95$ ist sicher erfüllt, falls gilt:

$$1-\frac{p \cdot (1-p)}{n \cdot 0{,}1^2} \geq 0{,}95 \Leftrightarrow 0{,}05 \geq \frac{p \cdot (1-p)}{n \cdot 0{,}1^2} \Leftrightarrow n \geq \frac{p \cdot (1-p)}{0{,}05 \cdot 0{,}1^2}.$$

Die Anzahl n der Versuche lässt sich nicht berechnen, da die Wahrscheinlichkeit p nicht bekannt ist.

Für das Produkt $p \cdot (1-p)$ gilt aber stets $p \cdot (1-p) \leq 0{,}25$. Wählt man

$$n \geq \frac{0{,}25}{0{,}05 \cdot 0{,}1^2} = 500,$$

so ist in jedem Fall auch die Ungleichung $n \geq \frac{p \cdot (1-p)}{0{,}05 \cdot 0{,}1^2}$ erfüllt.

Für $n \geq 500$ kann man mit einer Sicherheit von 95 % davon ausgehen, dass die relative Häufigkeit des Ereignisses A in dieser Versuchsserie von p um weniger als 10 % abweicht.

Aufgaben

27. Skizzieren Sie den Graphen der Funktion

$$f : \mathbb{R} \to \mathbb{R},\, p \mapsto p \cdot (1-p)$$

und untersuchen Sie die Funktion f rechnerisch auf Extremwerte.

Begründen Sie die Gültigkeit der Ungleichung $p \cdot (1-p) \leq \frac{1}{4}$.

28. Ein bestimmtes Ereignis E tritt mit der Wahrscheinlichkeit 5/6 ein. Das zugehörige Zufallsexperiment wird 750-mal durchgeführt. Wie groß ist die Wahrscheinlichkeit, dass die relative Häufigkeit von E von der Wahrscheinlichkeit 5/6 um weniger als 5 % abweicht?

29. Um Anhaltspunkte für die weitere Wahlkampfstrategie zu gewinnen, lässt eine Partei während des Wahlkampfes eine Meinungsumfrage durchführen. Ein Institut befragt 4000 zufällig ausgewählte Wahlberechtigte nach ihrer Meinung. Wie groß ist die Wahrscheinlichkeit, dass der von dem Institut ermittelte Stimmenanteil vom tatsächlichen Stimmenanteil der Partei um höchstens 1,5 % abweicht?

8

Normalverteilung

Bei vielen praktischen Problemen werden aufsummierte Binomialwahrscheinlichkeiten $B(n\,;p\,;k)$ für Werte von p oder n benötigt, die nicht in Tabellenwerken enthalten sind. Dies ist insbesondere für sehr große Werte von n der Fall.

In Zeiten, in denen noch keine elektronischen Hilfsmittel zur Verfügung standen, war es daher naheliegend, nach einfach zu handhabbaren **Näherungsformeln** für die Binomialverteilung zu fragen. Selbst im Zeitalter von CAS-Rechnern hat die Fragestellung noch ihre Berechtigung, denn bei sehr großen Kettenlängen können immer noch lange Rechenzeiten auftreten.

Es gibt eine Möglichkeit, die Binomialwahrscheinlichkeiten $B(n\,;p\,;k)$ bei genügend großem Stichprobenumfang n näherungsweise durch die Funktionswerte einer relativ einfachen Funktion φ zu beschreiben. Nachfolgend soll der Prozess, der zu dieser Funktion führt, anschaulich erläutert werden.

8.1 Der Standardisierungsprozess

Wir betrachten die graphische Darstellung einer binomial verteilten Zufallsgröße X mit den Parametern n und p in Form eines Histogramms.

Die Zufallsgröße X besitzt

- den Erwartungswert $\mu = E(X) = n \cdot p$,
- die Streuung $\sigma = \sqrt{n \cdot p \cdot (1-p)}$.

In einem Histogramm werden die Wahrscheinlichkeiten als Rechteckflächen dargestellt. Da man als Rechteckbreite jeweils den Wert 1 wählt, entspricht die Maßzahl der Höhe des Rechtecks gerade der Wahrscheinlichkeit der betrachteten Trefferzahl.

Das Bild rechts zeigt das Histogramm einer binomial verteilten Zufallsgröße mit den Parametern $n = 20$ und $p = 0{,}75$.

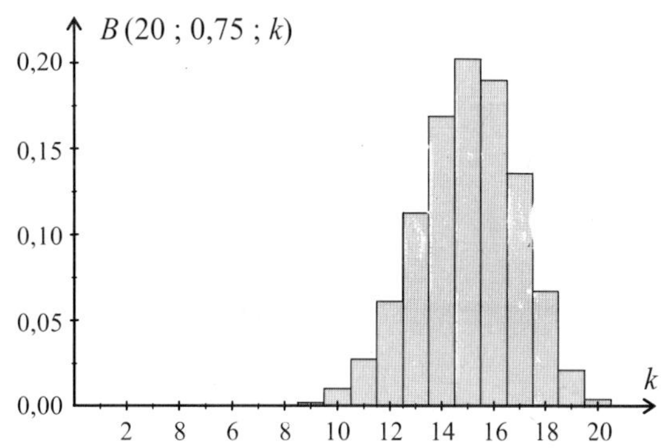

Die Form des Histogramms hängt nur von den Parametern p und n ab. Wir vergleichen im Folgenden Histogramme für unterschiedliche Werte von n und p.

Histogramme für den festen Wert $n = 100$ und variables p

Histogramm		Standardisierung
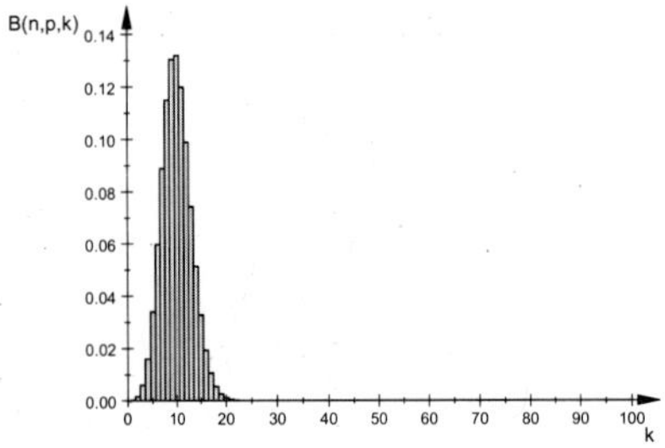	$p = 0{,}1$	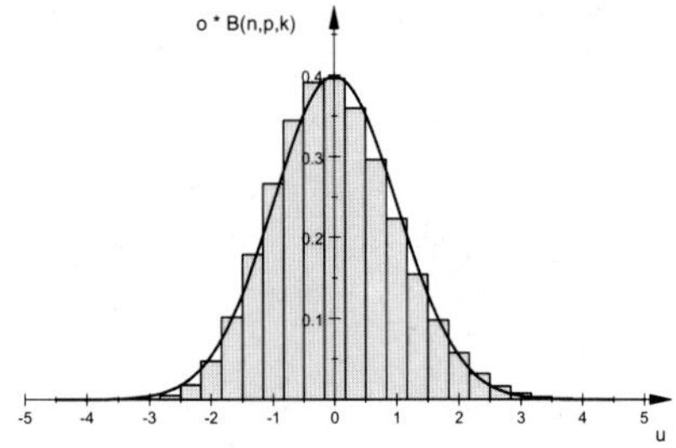
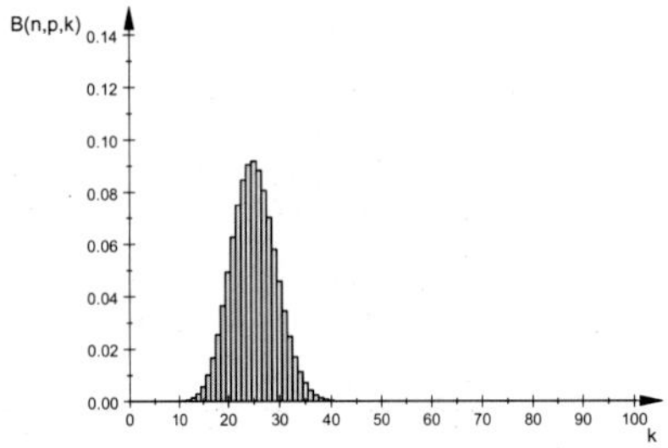	$p = 0{,}25$	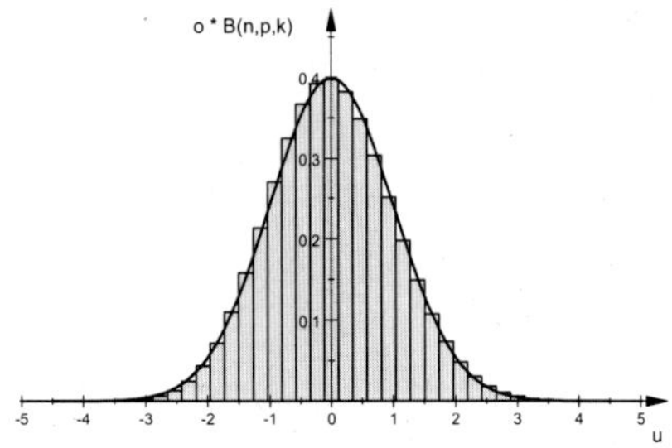
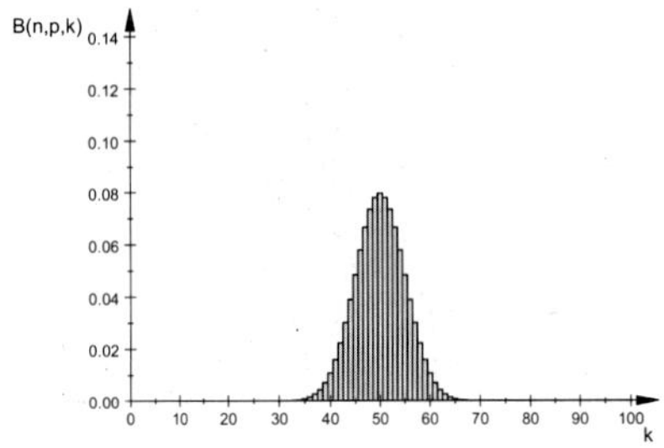	$p = 0{,}5$	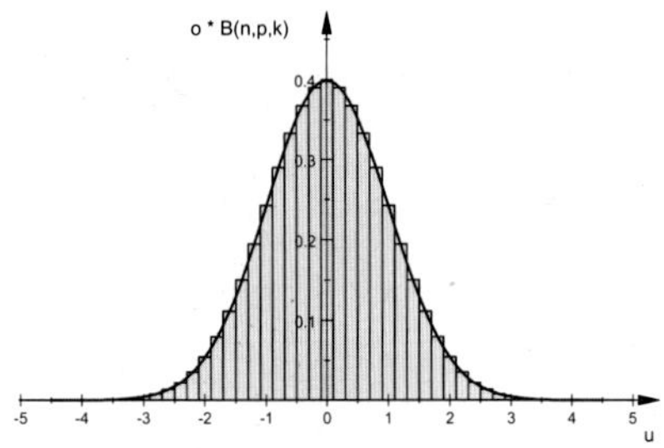
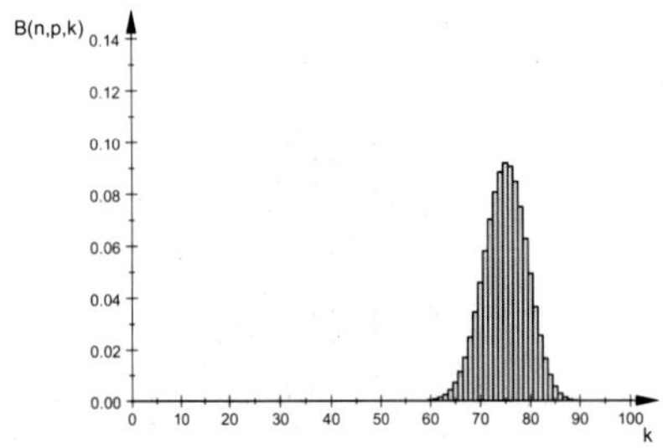	$p = 0{,}75$	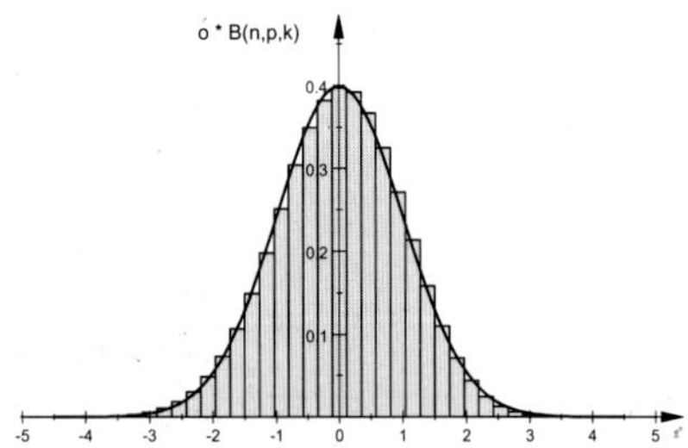

Durch Vergleichen der Histogramme in der linken Spalte erkennt man:

- Mit wachsendem p wandert das Maximum nach rechts.
- Nur für $p = 0{,}5$ ist das Histogramm symmetrisch.

Histogramme für den festen Wert $p = 0{,}45$ und variables n

Histogramm		Standardisierung

$n = 25$

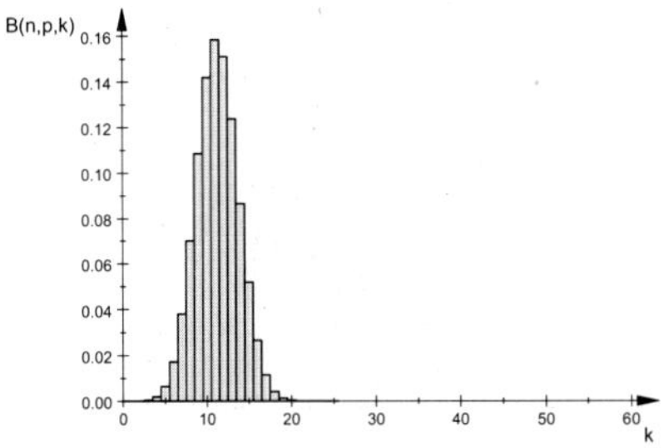

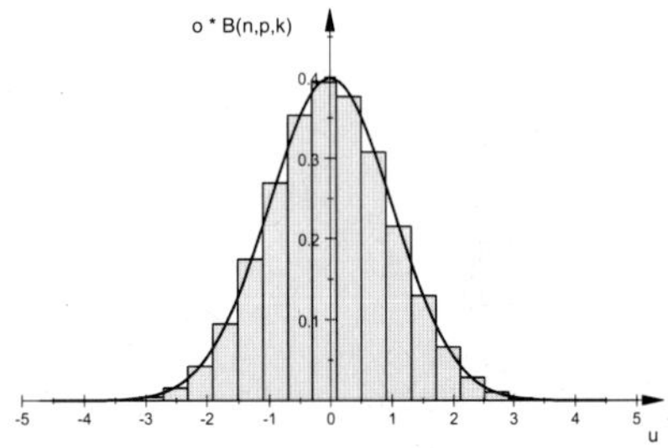

$n = 50$

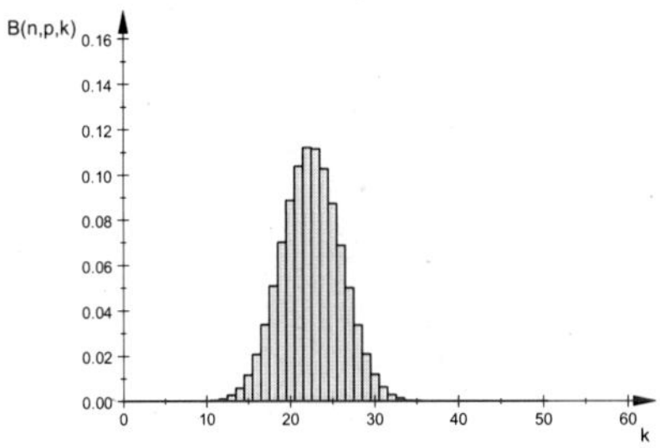

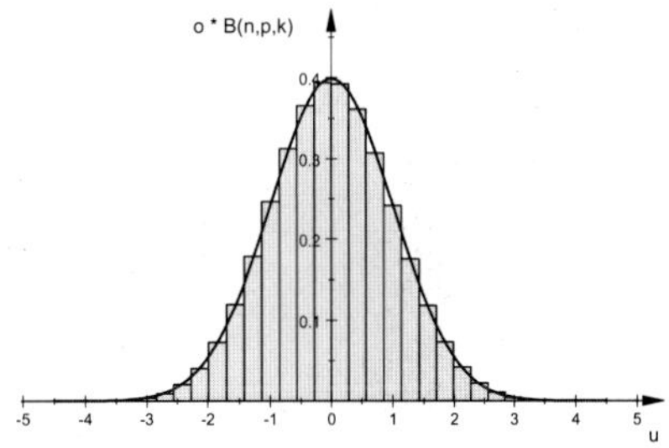

$n = 75$

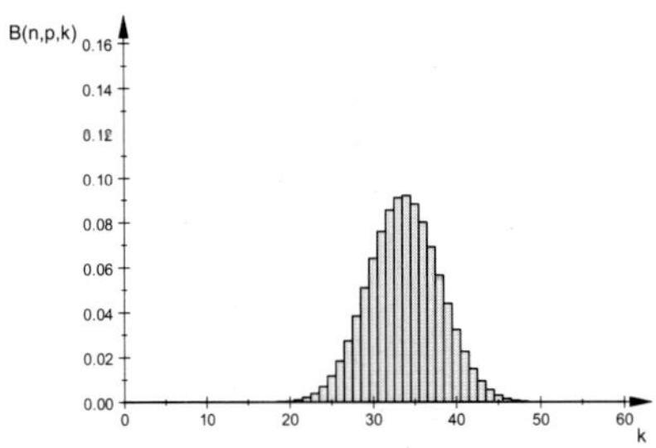

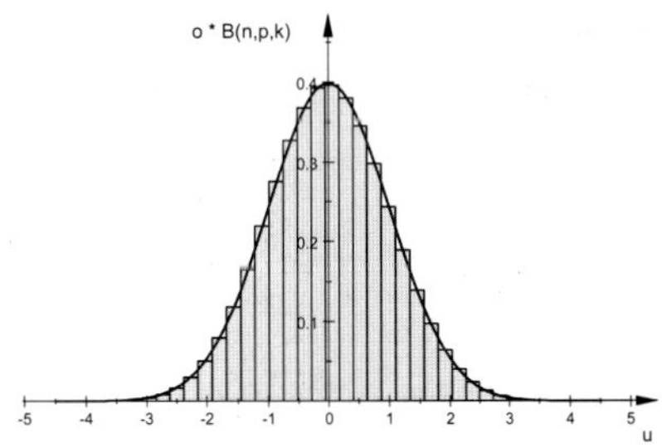

$n = 100$

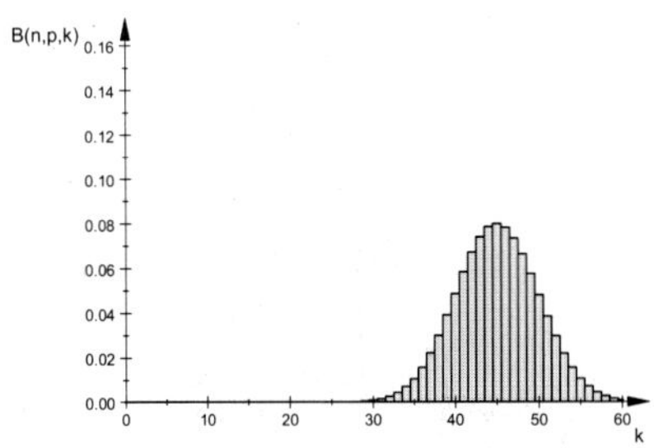

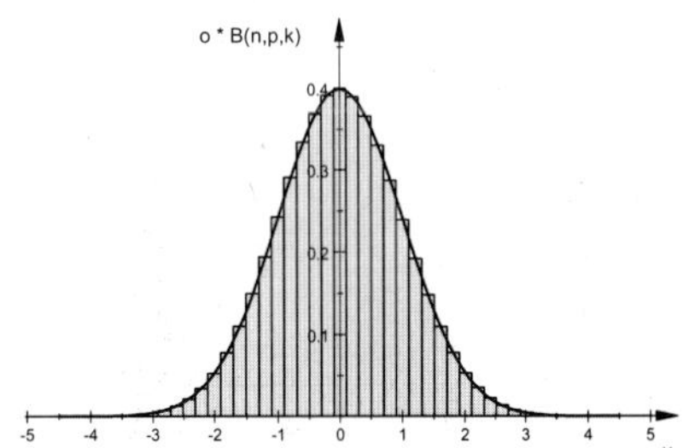

Durch Vergleichen der Histogramme in der linken Spalte erkennt man:

- Mit wachsendem n wandert das Maximum nach rechts.
- Die Histogramme werden breiter und flacher und allmählich symmetrisch.

Um die Histogramme für verschiedene Werte von n und p besser miteinander vergleichen und eventuelle Gemeinsamkeiten feststellen zu können, führt man eine so genannte **Standardisierung** durch. Dabei erhalten alle Histogramme durch eine geeignete Transformation eine relativ einheitliche Form und Lage.

- *Verschiebung des Histogramms um μ Einheiten nach links*

  Hierdurch wird der Erwartungswert nach 0 verschoben und die mit wachsendem n zunehmende Rechtswanderung der Gipfel ausgeglichen.

- *Stauchung des Histogramms in x-Richtung um den Faktor $\frac{1}{\sigma}$*

  Die Standardabweichung wird somit auf 1 normiert und die Verbreiterung der Histogramme bei wachsendem n wird ausgeglichen. Der relevante Teil der Histogramme ist dann stets etwa gleich breit. Die Streifenbreite ändert sich allerdings von 1 auf $\frac{1}{\sigma}$. Der Erwartungswert bleibt aber bei 0.

- *Streckung des Histogramms in y-Richtung um den Faktor σ*

  Die Wahrscheinlichkeiten dürfen bei dem Standardisierungsprozess aber nicht verändert werden, d.h. die Rechtecke sollen flächengleich bleiben. Daher müssen die Rechteckhöhen um den Faktor σ gedehnt werden.

Den Histogrammen auf den beiden vorangehenden Seiten sind in der rechten Spalte jeweils die zugehörigen standardisierten Histogramme gegenübergestellt. Sie besitzen alle eine relativ einheitliche Form und Lage.

Auffallend und für unsere gesuchte Näherungsformel wichtig ist weiterhin, dass alle standardisierten Histogramme sich ein und derselben „**Glockenkurve**“ anpassen. Zum besseren Vergleich ist diese Glockenkurve auf den beiden vorangehenden Seiten mit eingezeichnet.

8.2 Die Gaußfunktion

Am Ende des vorangehenden Abschnitts wurde festgestellt, dass sich standardisierte Histogramme für große Werte von n kaum noch voneinander unterscheiden. Sie nehmen immer mehr eine glockenförmige Gestalt an.

In der folgenden Abbildung sind in dem Bild rechts die Mitten der Rechtecktreppen in einem standardisierten Histogramm durch einen Polygonzug verbunden. Man erkennt recht gut, dass der eingezeichnete Polygonzug einer Glockenkurve ähnelt. In dem Bild rechts ist der Polygonzug durch den Graphen einer differenzierbaren Funktion ersetzt. Es stellt sich die Frage, um welche Art von Funktion es sich hierbei handelt.

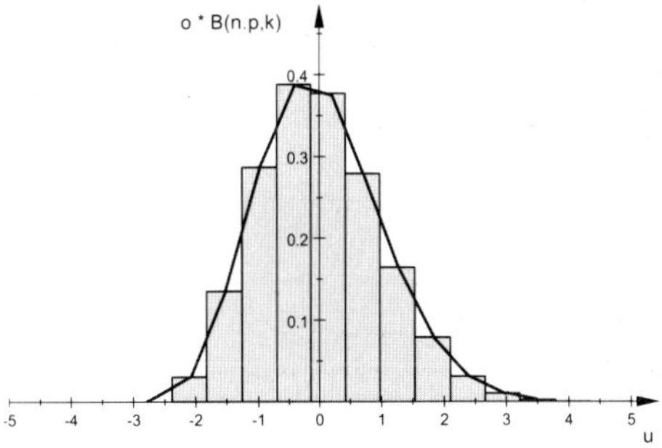

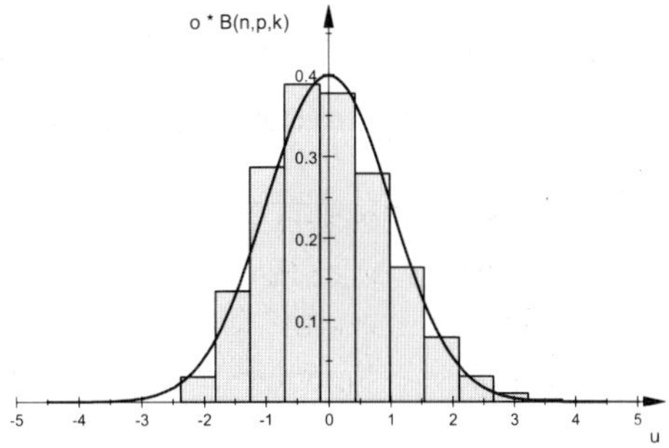

Der französische Mathematiker **Abraham de Moivre** (1667-1754) fand bereits im Jahr 1733 für den Wert $p = 0{,}5$ eine Grenzfunktion, der sich die standardisierten Histogramme für wachsende Werte von n immer besser nähern.

Pierre Simon de Laplace (1749-1827) gelang es erst im Jahr 1812 diese Überlegungen auf beliebige Werte $p \in \,]0\,,1[$ zu verallgemeinern.

A. de Moivre

Satz 8.1 (Grenzwertsatz von Moivre-Laplace)

Es sei X eine binomial verteilte Zufallsgröße mit den Parametern n und p. Die standardisierten Histogramme nähern sich für $n \to \infty$ immer mehr der Funktion

$$\varphi\colon \mathbb{R} \to \mathbb{R},\, u \mapsto \frac{1}{\sqrt{2\pi}} \cdot e^{-\frac{1}{2}u^2}.$$

Man bezeichnet die Funktion φ als **Gaußfunktion**, ihren Graphen als **Gauß'sche Glockenkurve** oder kurz als **Gaußkurve**. Sie wurde im Jahr 1794 von **Carl Friedrich Gauß** (1777-1855) entdeckt, allerdings nicht im Rahmen der Wahrscheinlichkeitstheorie.

Nachfolgend sind die wichtigsten Eigenschaften der Gauß'schen Funktion φ zusammengestellt:

1. $\varphi\colon \mathbb{R} \to \mathbb{R}, u \mapsto \frac{1}{\sqrt{2\pi}} \cdot e^{-\frac{1}{2}u^2}$ ist eine differenzierbare Funktion.
2. φ besitzt nur positive Funktionswerte.
3. Der Graph von φ ist symmetrisch zur y-Achse.
4. Die u-Achse ist Asymptote für $u \to \pm\infty$.
5. φ hat den Hochpunkt $H(0 \mid \frac{1}{\sqrt{2\pi}})$.
6. φ ist streng monoton wachsend in $\mathbb{R}_0^-$ und streng monoton fallend in $\mathbb{R}_0^+$.
7. φ hat die Wendepunkte $W_1(-1 \mid \frac{1}{\sqrt{2\pi e}})$ und $W_2(1 \mid \frac{1}{\sqrt{2\pi e}})$.
8. Graph

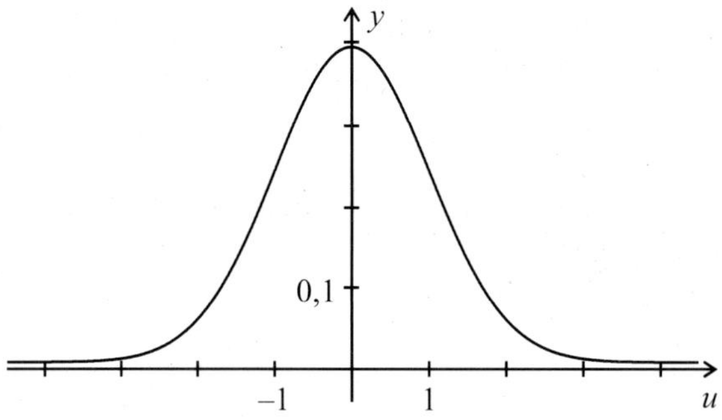

Aufgaben

1. Begründen Sie, dass die Gaußfunktion φ differenzierbar ist, und berechnen Sie die Ableitungen φ' und φ''.

2. Beweisen Sie die oben genannten Eigenschaften 2 bis 7 der Gaußfunktion.

8.3 Lokale Näherungsformel von Moivre-Laplace

Nach dem Grenzwertsatz von Moivre-Laplace wird die transformierte Binomialverteilung für wachsende Werte von n durch die Gaußfunktion φ immer besser approximiert.

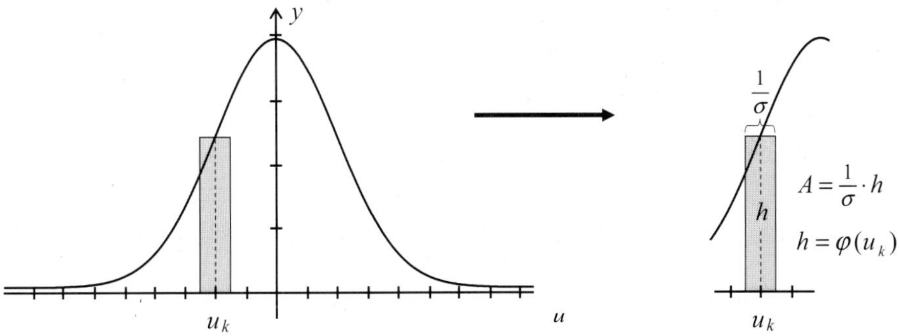

Ist X eine binomial verteilte Zufallsgröße mit den Parametern n und p, so kann die Wahrscheinlichkeit $B(n\,;p\,;k)$ als Maßzahl A des Flächeninhalts des Rechtecks im standardisierten Histogramm gedeutet werden:

- die Rechteckbreite beträgt $\frac{1}{\sigma}$,
- die Rechteckhöhe lässt sich durch den Funktionswert der Gaußfunktion an der Stelle u_k annähern.

  Gemäß der Abbildung gilt dabei:

  $$P(X=k) = B(n\,;p\,;k) \approx A = \frac{1}{\sigma} \cdot \varphi(u_k) = \frac{1}{\sigma} \cdot \varphi\left(\frac{k-\mu}{\sigma}\right).$$

Satz 8.2 (Lokaler Grenzwertsatz von Moivre-Laplace)

Für eine binomial verteilte Zufallsgröße X mit den Parametern n und p gilt:

$$P(X=k) = B(n\,;p\,;k) \approx A = \frac{1}{\sigma} \cdot \varphi(u_k) = \frac{1}{\sigma} \cdot \varphi\left(\frac{k-\mu}{\sigma}\right).$$

Dabei ist $\mu = n \cdot p$ der Erwartungswert, $\sigma = \sqrt{n \cdot p \cdot (1-p)}$ die Standardabweichung von X und $u_k = \frac{k-\mu}{\sigma}$ der zu k gehörende standardisierte Wert.

Die Näherungen werden umso besser, je näher p bei 0,5 liegt. Liegt p nahe bei 0 oder 1, so erhält man in der Regel kaum brauchbare Näherungswerte.

Als Faustformel gilt, dass man mit brauchbaren Näherungswerten rechnen kann, wenn die so genannte **Laplace-Bedingung** $\sigma = \sqrt{n \cdot p \cdot (1-p)} > 3$ erfüllt ist.

Bei den vorangehenden Überlegungen wurde die diskrete Binomialverteilung durch die stetige Gaußfunktion angenähert. Viele natur-, wirtschafts- und ingenieurwissenschaftliche Vorgänge lassen sich auf diese Art entweder exakt oder wenigstens in sehr guter Näherung beschreiben. Wohl deshalb verwendet man für derartige symmetrische, glockenförmige Verteilungen die Bezeichnung **Normalverteilung.**

Im Folgenden soll anhand eines Beispiels der exakte Wert $B(n\,;p\,;k)$ einer binomial verteilten Zufallsgröße mit dem Näherungswert der Gaußfunktion verglichen werden:

Beispiel 1

Wir bestimmen die Wahrscheinlichkeit, bei 100 Würfen mit einem Laplace-Würfel genau 15 Sechsen zu erzielen.

Die Zufallsgröße X zählt die Anzahl der Sechsen. X ist binomial verteilt mit den Parametern $n = 100$ und $p = \frac{1}{6}$.

- **Exakter Wert**

  Nach der Formel von Bernoulli folgt:

  $$P(X=15)=\binom{100}{15}\cdot\left(\frac{1}{6}\right)^{15}\cdot\left(\frac{5}{6}\right)^{85}=0{,}100237.$$

- **Näherungswert**

  Es gilt $\mu = n\cdot p \approx 16{,}667$ und $\sigma=\sqrt{n\cdot p\cdot(1-p)}\approx 3{,}727>3$. Damit ist die Laplace-Bedingung erfüllt.

  Für $u_{15}=\dfrac{15-\mu}{\sigma}\approx -0{,}4437$ ergibt sich:

  $$P(X=15)=\frac{1}{\sigma}\cdot\varphi(u_{15})=0{,}09686.$$

Der Fehler, der aufgrund der Näherung entsteht, beträgt hier etwa 3,4 %.

Die nachstehenden Beispiele zeigen Anwendungsmöglichkeiten der Normalverteilung.

Beispiel 2

Eine Maschine stellt Werkstücke her. Davon müssen in der Regel 15 % nachbearbeitet werden, bevor man sie in den Verkauf geben kann. Wie groß ist die Wahrscheinlichkeit, dass von 100 zufällig ausgewählten Werkstücken noch genau 13 nachbearbeitet werden müssen?

X beschreibt die Zahl der nachzubearbeitenden Werkstücke. X ist binomial verteilt mit $n = 100$ und $p = 0{,}15$.
Für die gesuchte Wahrscheinlichkeit erhält man bei exakter Rechnung:

$$P(X=13)=B(100;0{,}15;13)=\binom{100}{13}\cdot 0{,}15^{13}\cdot 0{,}85^{87}\approx 0{,}1001.$$

Es ist $\mu = n\cdot p = 15$ und $\sigma=\sqrt{n\cdot p\cdot(1-p)}\approx 3{,}571>3$.

Mit dem standardisierten Wert $u_{15}=\dfrac{13-\mu}{\sigma}\approx -0{,}56$ ergibt sich:

$$P(X=13)=\frac{1}{\sigma}\cdot\varphi(u_{13})\approx\frac{1}{3{,}57}\cdot\frac{1}{\sqrt{2\pi}}\cdot e^{-\frac{1}{2}\cdot 0{,}56^2}=0{,}0955.$$

Der Fehler, der aufgrund der Näherung entsteht, beträgt hier etwa 4,6 %.

Beispiel 3

Die Wahrscheinlichkeit für eine Knabengeburt beträgt $p = 0{,}514$. Wie groß ist die Wahrscheinlichkeit, dass in einer Klinik bei den nächsten 50 Geburten genau 25 Jungen zur Welt kommen?

X beschreibt die Anzahl der Jungen. X kann als binomial verteilt mit den Parametern $n = 50$ und $p = 0{,}514$ angenommen werden.

Für die gesuchte Wahrscheinlichkeit erhält man bei exakter Rechnung:

$$P(X=25)=B(50;0{,}514;25)=\binom{50}{25}\cdot 0{,}514^{25}\cdot 0{,}486^{25}\approx 0{,}1101.$$

Es ist $\mu = n\cdot p = 25{,}7$ und $\sigma=\sqrt{n\cdot p\cdot(1-p)}\approx 3{,}534>3$.

Mit dem standardisierten Wert $u_{25}=\dfrac{25-\mu}{\sigma}\approx -0{,}198$ ergibt sich:

$$P(X=25)=\frac{1}{\sigma}\cdot\varphi(u_{25})\approx\frac{1}{3{,}534}\cdot\frac{1}{\sqrt{2\pi}}\cdot e^{-\frac{1}{2}\cdot 0{,}198^2}=0{,}1107.$$

Der prozentuale Fehler beträgt hier etwa 0,5 %. Die Näherung ist in diesem Fall so gut, weil p nahe bei 0,5 liegt.

Aufgaben

3. Erna und Fritzchen spielen regelmäßig Tennis. Fritzchen gewinnt im Durchschnitt 60 % der Sätze. Mit welcher Wahrscheinlichkeit gewinnt Erna genau 20 der nächsten 50 Sätze?

   Berechnen Sie diese Wahrscheinlichkeit sowohl exakt als auch mit Hilfe der Näherungsformel und geben Sie den prozentualen Fehler an.

4. Eine Laplace-Münze wird 50-mal geworfen. Mit welcher Wahrscheinlichkeit fällt 25-mal Zahl?

   Rechnen Sie sowohl exakt als auch näherungsweise und vergleichen Sie.

5. Für eine binomial verteilte Zufallsgröße X mit den Parametern $n = 10\,000$ und $p = 0{,}2$ hat das Ereignis $P(X = k)$ mit $k \in \mathbb{N}$ näherungsweise die Wahrscheinlichkeit 0,00880175. Welche Werte kann k annehmen?

6. Fritzchen will in den kommenden fünf Jahren jede Woche im Lotto 6 aus 49 spielen und dabei jeweils zwei Tipps abgeben.

   a) Berechnen Sie die Wahrscheinlichkeit für einen Dreier in einer einzelnen Ziehung.

   b) Mit welcher Anzahl von Dreiern kann Fritzchen im Laufe der fünf Jahre rechnen?

   c) Wie groß ist die Wahrscheinlichkeit, dass die tatsächliche Zahl der Dreier in den fünf Jahren vom Erwartungswert um weniger als 2 abweicht?

7. Ein Schütze trifft sein Ziel mit einer Wahrscheinlichkeit von 80 %. Welche Trefferzahlen treten bei den nächsten 50 Schüssen mit der Wahrscheinlichkeit 0,02 auf?

8. Die Wahrscheinlichkeit für eine Knabengeburt beträgt 0,514. Wie groß ist die Wahrscheinlichkeit, dass in einer Klinik mit 150 Geburten pro Jahr mehr als 75, aber weniger als 80 Jungen zur Welt kommen?

9

Komplexe Aufgaben

1. **Kunden eines Autoproduzenten** (Vorbereitung schriftliches Abitur Hamburg)

   Ein Autoproduzent, der Kleinwagen, Mittelklassewagen und Luxuslimousinen herstellt, untersucht das Kaufverhalten seiner Kunden. Dabei wird ermittelt, dass 70 % der Kunden einen Kleinwagen, 20 % einen Mittelklassewagen und 10 % eine Luxuslimousine kaufen. Beim Kleinwagen entscheiden sich 1/5 der Kunden, beim Mittelklassewagen 1/4 und bei der Luxuslimousine 11/20 für eine Klimaanlage.
   Das Kaufverhalten der Kunden ist voneinander unabhängig.

   a) Bestimmen Sie die Wahrscheinlichkeiten folgender Ereignisse:

      Ereignis A: „Ein zufällig ausgewählter Kunde fährt ein Fahrzeug mit Klimaanlage."

      Ereignis B: „Ein zufällig ausgewählter Kunde fährt einen Mittelklassewagen ohne Klimaanlage."

      Ereignis C: „Ein zufällig ausgewählter Kunde fährt eine Luxuslimousine oder ein Fahrzeug mit Klimaanlage."

   b) Die Zufallsgröße X beschreibt die Anzahl der Personen unter 5 zufällig ausgewählten Kunden des Herstellers, die einen Kleinwagen fahren.

      Ermitteln Sie die Wahrscheinlichkeitsverteilung und den Erwartungswert der Zufallsgröße X.

   c) Zur Eröffnung eines neuen Autohauses des Herstellers werden 29 Gäste gezählt, von denen genau fünf schon einen Wagen dieses Herstellers fahren. In einer Tombola werden unter den 29 Gästen 7 Gewinner ermittelt, wobei jeder Gast nur genau einmal gewinnen kann. Das Ereignis D sei das Ereignis, dass sich unter den 7 Gewinnern genau zwei befinden, die bereits einen Wagen dieses Herstellers fahren.

      Beschreiben Sie, wie man mithilfe einer Simulation (z. B. einem Urnenexperiment) einen Schätzwert für die Wahrscheinlichkeit des Ereignisses D ermitteln kann.

   d) Bestimmen Sie die Wahrscheinlichkeit des Ereignisses D.

2. **Glücksspiele** (Vorbereitung schriftliches Abitur Hamburg)

Susanne, Henriette und Franziska bereiten eine Veranstaltung der Arbeitsgemeinschaft Mathematik ihrer Schule zum Thema Glücksspiele vor. Sie einigen sich darauf, dass sich jede ein Zufallsexperiment ausdenkt und bezüglich dieses Experimentes Aufgaben formuliert.

a) Susanne verwendet eine Urne, in der sich vier weiße, fünf schwarze und drei gelbe Kugeln befinden. Nacheinander sollen aus der Urne zwei Kugeln ohne Zurücklegen gezogen werden. Susanne vermutet, dass von den folgenden Ereignissen das Ereignis B am wahrscheinlichsten ist.

Ereignis A: „Die erste Kugel ist gelb, die zweite ist schwarz."

Ereignis B: „Beide Kugeln haben die gleiche Farbe."

Ereignis C: „Keine der gezogenen Kugeln ist schwarz."

Überprüfen Sie rechnerisch, ob Susannes Vermutung stimmt.

b) Henriette verwendet einen idealen Tetraeder, dessen Seiten mit 1, 2, 3 bzw. 4 beschriftet sind. Der Tetraeder soll pro Spiel dreimal geworfen werden, wobei nach jedem Wurf die unten liegende Augenzahl notiert wird.

Erreicht der Spieler eine Augensumme größer als acht, dann bekommt er 0,50 € ausbezahlt. Anderenfalls muss er 0,25 € bezahlen.

Die Zufallsgröße X beschreibe den Gewinn des Spielers. Geben Sie die Wahrscheinlichkeitsverteilung von X an und berechnen Sie den Erwartungswert und die Standardabweichung von X.

c) Franziska benutzt sieben Spielkarten und zwar vier Buben und drei Damen. Aus dem Stapel dieser sieben Karten wird durch einen Spieler dreimal eine Karte gezogen, wobei nach jeder Ziehung diese Karte zurückgelegt und die Karten neu gemischt werden.

Betrachtet werden die Ereignisse:

Ereignis E: „Es werden zwei Damen und ein Bube (egal in welcher Reihenfolge) gezogen."

Ereignis F: „Es werden entweder drei Damen oder drei Buben gezogen."

Berechnen Sie die Wahrscheinlichkeiten für die Ereignisse E und F.

Nach dem Ziehen der ersten Karte darf der Spieler auf eines der beiden Ereignisse E oder F wetten. Tritt dies ein, erhält der Spieler einen Gewinn von 2 €. Beschreiben Sie eine Strategie, die Sie dem Spieler raten würden.

3. **Spezialwürfel** (Vorbereitung schriftliches Abitur Hamburg)

Ein Würfel ist so verändert, dass das Auftreten der Augenzahl 2, 3, 4, 5 und 6 dem 2-, 3-, 4-, 5- bzw. 6-fachen der Wahrscheinlichkeit für die Augenzahl 1 entspricht. Dieser so veränderte Würfel wird als Spezial-Würfel oder kurz als S-Würfel bezeichnet.

Die Zufallsgröße X gebe die Augenzahl beim Werfen des Würfels an.

a) Bestimmen Sie die Wahrscheinlichkeitsverteilung mit dem Erwartungswert der Zufallsgröße X.

(Zur Kontrolle: $P(1) = \frac{1}{21}$)

b) Jemand wittert ein großes Geschäft und bietet mit diesem S-Würfel ein Glücksspiel an:

Bei einem Einsatz von 4 € dürfen zwei S-Würfel geworfen werden. Ist die Augensumme größer als 9, wird die Summe der Augenzahlen in Euro ausgezahlt.

Lohnt sich dieses Spiel für den Anbieter?

Bei einem Würfelspiel mit dem S-Würfel benötigt man eine 6, um das Spiel beginnen zu dürfen.

Jeder Mitspieler darf in jeder Runde bis zu dreimal würfeln, bis die 6 kommt, um damit das eigentliche Spiel beginnen zu können.

c) Wie groß ist die Wahrscheinlichkeit für einen Spieler, bereits in der ersten Runde mit dem eigentlichen Spiel beginnen zu dürfen?

d) Wie groß ist die Wahrscheinlichkeit, nach drei Runden immer noch nicht im Spiel zu sein?

e) Wie oft müsste man überhaupt würfeln, damit man mit wenigstens 98 % Wahrscheinlichkeit mindestens eine „6“ bekommt?

4. **Maximale Wahrscheinlichkeit** (Abitur Saarland 2002)

In einer Urne befinden sich sowohl schwarze als auch weiße Kugeln, insgesamt 15 Stück. Es wird eine Kugel gezogen, die Farbe festgestellt und die Kugel wieder zurückgelegt. Dieses Zufallsexperiment wird zehnmal durchgeführt.

Wie viele schwarze Kugeln müssen in der Urne sein, damit die Wahrscheinlichkeit, genau zwei schwarze Kugeln zu ziehen, maximal ist?

5. **Defekte Geräte** (EPA Mathematik)

Eine Firma prüft, ob sie ihren Kunden für ein Gerät eine Anschlussgarantie nach Ablauf der gesetzlichen Garantiezeit anbieten kann. Aus der Erfahrung kann die Firma für den Zeitraum der Anschlussgarantie folgende Annahmen treffen:

1. Bei den drei Einzelteilen T_1, T_2 und T_3 des Gerätes kommt es unabhängig voneinander zu einem Defekt, und zwar jeweils mit der Wahrscheinlichkeit 0,2.
2. Ein repariertes Einzelteil des Gerätes fällt in dem betrachteten Zeitraum nicht noch einmal aus.
3. Die Materialkosten bei der Reparatur betragen 50 € für T_1, 40 € für T_2 und 10 € für T_3.

a) Bestimmen Sie die Wahrscheinlichkeiten, mit denen die möglichen Kombinationen von Reparaturfällen bei einem Gerät auftreten können.

b) Bei wie vielen von 1000 Geräten muss mit mindestens einer Reparatur gerechnet werden?

Wie viele Einzelreparaturen fallen bei 1000 Geräten im Durchschnitt an?

Mit welchen Materialkosten muss die Firma bei 1000 Geräten rechnen?

c) Für die Reparatur jedes Einzelteils entstehen 30 € an Arbeitskosten. Die Firma untersucht drei Arten von Kaufverträgen.

Variante 1: Für das Gerät wird keine Anschlussgarantie übernommen.

Variante 2: Für das Gerät wird eine Anschlussgarantie nur für Materialkosten übernommen. Dafür wird der Preis des Gerätes um 20 € erhöht.

Variante 3: Für das Gerät wird eine Anschlussgarantie für Material- und Arbeitskosten übernommen. Für diese Vollgarantie wird der Preis des Gerätes um weitere 15 € erhöht.

Beurteilen Sie die Varianten aus Sicht der Firma und der Kunden.

6. **Placebos** (Vorbereitung schriftliches Abitur Hamburg)

Man hat festgestellt, dass medizinisch unwirksame Tabletten (Placebos) bei vielen Patienten die gleiche Wirkung erzielen wie gleich aussehende echte Tabletten.

a) In einer Klinik bekommt ein Patient zur Beruhigung zwei Tabletten. Natürlich sollte man Placebos nicht mit echten Tabletten vermischen. Die Krankenschwester hat aber aus Versehen die Schachtel, in der sich noch 4 echte Beruhigungstabletten befinden, mit einem Placebo aufgefüllt. Sie entnimmt nun nacheinander zufällig aus dieser Schachtel mit insgesamt fünf Tabletten zwei Tabletten und fragt sich nach den Wahrscheinlichkeiten folgender Ereignisse:

A: „Beide Tabletten sind echt."

B: „Nur die erste gezogene Tablette ist echt."

C: „Eine der beiden Tabletten ist das Placebo."

Bestimmen Sie die Wahrscheinlichkeiten von A, B und C.

b) Die Krankenschwester hat eine andere Schachtel mit fünf Tabletten, unter denen sich aus Versehen 2, 3 oder 4 Placebos befinden.

Bestimmen Sie für diese drei Fälle jeweils die Wahrscheinlichkeit, mit der der Patient bei zwei verabreichten Tabletten mindestens ein Placebo bekommt. Beurteilen Sie die Situation.

c) In der Klinik weiß man, dass $p = 60\,\%$ derjenigen Patienten, die Beruhigungsmittel nehmen, auf Placebos ansprechen. Wie viele Patienten, die Beruhigungstabletten nehmen, müsste man untersuchen, um mit einer Wahrscheinlichkeit von mehr als $99\,\%$ wenigstens einen unter ihnen zu finden, der auf Placebos anspricht?

10

Tabellen zur Wahrscheinlichkeitsrechnung und Stochastik

Nachfolgend sind die zum Bearbeiten der Aufgaben notwendigen Tabellen abgedruckt. Die Verwendung der Tabellen ist dabei kurz erläutert.

Tabelle 1	Binomialverteilung: Wahrscheinlichkeitsfunktion
Tabelle 2	Binomialverteilung: Summenfunktion
Tabelle 3	Fakultäten
Tabelle 4	Binomialkoeffizienten

Tabelle 1: Binomialverteilung

Wahrscheinlichkeitsfunktion

Aus Platzgründen sind nur die ersten vier Nachkommastellen angegeben. Der Ziffernfolge 8171 entspricht beispielsweise die Wahrscheinlichkeit 0,8171.

Alle nicht aufgeführten Werte sind auf 4 Dezimalen 0,0000.

Für $p > 0{,}5$ ist der schattiert gedruckte Eingang zu verwenden, d.h. die entsprechende Tabelle ist von unten nach oben und von rechts nach links zu lesen.

Siehe dazu auch Abschnitt 5.3.

Beispiele

$n = 5$ $p = 0{,}05$: $P(X = 4) = B(5\,;0{,}05\,;4) = 0{,}0000$

$n = 20$ $p = 0{,}5$: $P(X = 10) = B(20\,;0{,}5\,;10) = 0{,}1762$

$n = 6$ $p = 0{,}95$: $P(X = 2) = B(6\,;0{,}95\,;2) = 0{,}0001$

$$P(X=k)=\binom{n}{k}\cdot p^k\cdot(1-p)^{n-k}$$

TABELLE 1

n	k	p = 0,02	0,03	0,04	0,05	0,10	1/6	0,20	1/4	0,30	1/3	0,40	1/2		n
2	0	9604	9409	9216	9025	8100	6944	6400	5625	4900	4444	3600	2500	2	**2**
	1	0392	0582	0768	0950	1800	2778	3200	3750	4200	4444	4800	5000	1	
	2	0004	0009	0016	0025	0100	0278	0400	0625	0900	1111	1600	2500	0	
3	0	9412	9127	8847	8574	7290	5787	5120	4219	3430	2963	2160	1250	3	**3**
	1	0576	0847	1106	1354	2430	3472	3840	4219	4410	4444	4320	3750	2	
	2	0012	0026	0046	0071	0270	0694	0960	1406	1890	2222	2880	3750	1	
	3			0001	0001	0010	0046	0080	0156	0270	0370	0640	1250	0	
4	0	9224	8853	8493	8145	6561	4823	4096	3164	2401	1975	1296	0625	4	**4**
	1	0753	1095	1416	1715	2916	3858	4096	4219	4116	3951	3456	2500	3	
	2	0023	0051	0088	0135	0486	1157	1536	2109	2646	2963	3456	3750	2	
	3		0001	0002	0005	0036	0154	0256	0469	0756	0988	1536	2500	1	
	4					0001	0008	0016	0039	0081	0123	0256	0625	0	
5	0	9039	8587	8154	7738	5905	4019	3277	2373	1681	1317	0778	0313	5	**5**
	1	0922	1328	1699	2036	3281	4019	4096	3955	3602	3292	2592	1563	4	
	2	0038	0082	0142	0214	0729	1608	2048	2637	3087	3292	3456	3125	3	
	3	0001	0003	0006	0011	0081	0322	0512	0879	1323	1646	2304	3125	2	
	4					0005	0032	0064	0146	0284	0412	0768	1563	1	
	5						0001	0003	0010	0024	0041	0102	0313	0	
6	0	8858	8330	7828	7351	5314	3349	2621	1780	1176	0878	0467	0156	6	**6**
	1	1085	1546	1957	2321	3543	4019	3932	3560	3025	2634	1866	0938	5	
	2	0055	0120	0204	0305	0984	2009	2458	2966	3241	3292	3110	2344	4	
	3	0002	0005	0011	0021	0146	0536	0819	1318	1852	2195	2765	3125	3	
	4				0001	0012	0080	0154	0330	0595	0823	1382	2344	2	
	5					0001	0006	0015	0044	0102	0165	0369	0938	1	
	6							0001	0002	0007	0014	0041	0156	0	
7	0	8681	8080	7514	6983	4783	2791	2097	1335	0824	0585	0280	0078	7	**7**
	1	1240	1749	2192	2573	3720	3907	3670	3115	2471	2048	1306	0547	6	
	2	0076	0162	0274	0406	1240	2344	2753	3115	3177	3073	2613	1641	5	
	3	0003	0008	0019	0036	0230	0781	1147	1730	2269	2561	2903	2734	4	
	4			0001	0002	0026	0156	0287	0577	0972	1280	1935	2734	3	
	5					0002	0019	0043	0115	0250	0384	0774	1641	2	
	6						0001	0004	0013	0036	0064	0172	0547	1	
	7								0001	0002	0005	0016	0078	0	
8	0	8508	7837	7214	6634	4305	2326	1678	1001	0576	0390	0168	0039	8	**8**
	1	1389	1939	2405	2793	3826	3721	3355	2670	1977	1561	0896	0313	7	
	2	0099	0210	0351	0515	1488	2605	2936	3115	2965	2731	2090	1094	6	
	3	0004	0013	0029	0054	0331	1042	1468	2076	2541	2731	2787	2188	5	
	4		0001	0002	0004	0046	0260	0459	0865	1361	1707	2322	2734	4	
	5					0004	0042	0092	0231	0467	0683	1239	2188	3	
	6						0004	0011	0038	0100	0171	0413	1094	2	
	7							0001	0004	0012	0024	0079	0313	1	
	8									0001	0002	0007	0039	0	
9	0	8337	7602	6925	6302	3874	1938	1342	0751	0404	0260	0101	0020	9	**9**
	1	1531	2116	2597	2985	3874	3489	3020	2253	1556	1171	0605	0176	8	
	2	0125	0262	0433	0629	1722	2791	3020	3003	2668	2341	1612	0703	7	
	3	0006	0019	0042	0077	0446	1302	1762	2336	2668	2731	2508	1641	6	
	4		0001	0003	0006	0074	0391	0661	1168	1715	2048	2508	2461	5	
	5					0008	0078	0165	0389	0735	1024	1672	2461	4	
	6					0001	0010	0028	0087	0210	0341	0743	1641	3	
	7						0001	0003	0012	0039	0073	0212	0703	2	
	8								0001	0004	0009	0035	0176	1	
	9										0001	0003	0020	0	
n		**0,98**	**0,97**	**0,96**	**0,95**	**0,90**	**5/6**	**0,80**	**3/4**	**0,70**	**2/3**	**0,60**	**1/2**	**k**	**n**

TABELLE 1

$$P(X=k)=\binom{n}{k}\cdot p^k\cdot(1-p)^{n-k}$$

p

n	k	0,02	0,03	0,04	0,05	0,10	1/6	0,20	1/4	0,30	1/3	0,40	1/2	k	n
	0	8171	7374	6648	5987	3487	1615	1074	0563	0282	0173	0060	0010	10	
	1	1667	2281	2770	3151	3874	3230	2684	1877	1211	0867	0403	0098	9	
	2	0153	0317	0519	0746	1937	2907	3020	2816	2335	1951	1209	0439	8	
	3	0008	0026	0058	0105	0574	1550	2013	2503	2668	2601	2150	1172	7	
	4		0001	0004	0010	0112	0543	0881	1460	2001	2276	2508	2051	6	
10	5				0001	0015	0130	0264	0584	1029	1366	2007	2461	5	**10**
	6					0001	0022	0055	0162	0368	0569	1115	2051	4	
	7						0002	0008	0031	0090	0163	0425	1172	3	
	8							0001	0004	0014	0030	0106	0439	2	
	9									0001	0003	0016	0098	1	
	10											0001	0010	0	
	0	7386	6333	5421	4633	2059	0649	0352	0134	0047	0023	0005		15	
	1	2261	2938	3388	3658	3432	1947	1319	0668	0305	0171	0047	0005	14	
	2	0323	0636	0988	1348	2669	2726	2309	1559	0916	0599	0219	0032	13	
	3	0029	0085	0178	0307	1285	2363	2501	2252	1700	1299	0634	0139	12	
	4	0002	0008	0022	0049	0428	1418	1876	2252	2186	1948	1268	0417	11	
	5		0001	0002	0006	0105	0624	1032	1651	2061	2143	1859	0916	10	
	6					0019	0208	0430	0917	1472	1786	2066	1527	9	
15	7					0003	0053	0138	0393	0811	1148	1771	1964	8	**15**
	8						0011	0035	0131	0348	0574	1181	1964	7	
	9						0002	0007	0034	0116	0223	0612	1527	6	
	10							0001	0007	0030	0067	0245	0916	5	
	11								0001	0006	0015	0074	0417	4	
	12									0001	0003	0016	0139	3	
	13											0003	0032	2	
	14												0005	1	
	15													0	
	0	6676	5438	4420	3585	1216	0261	0115	0032	0008	0003	0000		20	
	1	2725	3364	3683	3774	2702	1043	0576	0211	0068	0030	0005		19	
	2	0528	0988	1458	1887	2852	1982	1369	0669	0278	0143	0031	0002	18	
	3	0065	0183	0364	0596	1901	2379	2054	1339	0716	0429	0123	0011	17	
	4	0006	0024	0065	0133	0898	2022	2182	1897	1304	0911	0350	0046	16	
	5		0002	0009	0022	0319	1294	1746	2023	1789	1457	0746	0148	15	
	6			0001	0003	0089	0647	1091	1686	1916	1821	1244	0370	14	
	7					0020	0259	0545	1124	1643	1821	1659	0739	13	
	8					0004	0084	0222	0609	1144	1480	1797	1201	12	
	9					0001	0022	0074	0271	0654	0987	1597	1602	11	
20	10						0005	0020	0099	0308	0543	1171	1762	10	**20**
	11						0001	0005	0030	0120	0247	0710	1602	9	
	12							0001	0008	0039	0092	0355	1201	8	
	13								0002	0010	0028	0146	0739	7	
	14									0002	0007	0049	0370	6	
	15										0001	0013	0148	5	
	16											0003	0046	4	
	17												0011	3	
	18												0002	2	
	19													1	
	20													0	
n		**0,98**	**0,97**	**0,96**	**0,95**	**0,90**	**5/6**	**0,80**	**3/4**	**0,70**	**2/3**	**0,60**	**1/2**	**k**	**n**

p

$$P(X = k) = \binom{n}{k} \cdot p^k \cdot (1-p)^{n-k}$$

TABELLE 1

n	k	0,02	0,03	0,04	0,05	0,10	1/6	0,20	1/4	0,30	1/3	0,40	1/2		n
	0	3642	2181	1299	0769	0052	0001							50	
	1	3716	3372	2706	2025	0286	0011	0002						49	
	2	1858	2555	2762	2611	0779	0054	0011	0001					48	
	3	0606	1264	1842	2199	1386	0172	0044	0004					47	
	4	0146	0460	0901	1360	1809	0405	0128	0016	0001				46	
	5	0027	0131	0346	0658	1849	0745	0295	0049	0006				45	
	6	0004	0030	0108	0260	1541	1118	0554	0123	0018	0001			44	
	7	0001	0006	0028	0086	1076	1406	0870	0259	0048	0004			43	
	8		0001	0007	0024	0643	1510	1169	0463	0110	0012	0002		42	
	9			0001	0006	0333	1409	1364	0721	0220	0033	0005		41	
	10				0001	0152	1156	1398	0985	0386	0077	0014		40	
	11					0061	0841	1271	1194	0602	0157	0035		39	
	12					0022	0546	1033	1294	0838	0286	0076	0001	38	
	13					0007	0320	0755	1261	1050	0465	0147	0003	37	
	14					0002	0169	0499	1110	1189	0680	0260	0008	36	
	15					0001	0081	0299	0888	1223	0897	0415	0020	35	
	16						0035	0164	0648	1147	1078	0606	0044	34	
	17						0014	0082	0432	0983	1178	0808	0087	33	
	18						0006	0037	0264	0772	1178	0987	0160	32	
	19						0001	0016	0148	0558	1080	1109	0270	31	
	20						0001	0006	0077	0370	0910	1146	0419	30	
	21							0002	0036	0227	0705	1091	0598	29	
	22							0001	0016	0128	0503	0959	0788	28	
	23								0006	0067	0332	0778	0960	27	
	24								0002	0032	0202	0584	1080	26	
50	25								0001	0014	0114	0405	1123	25	50
	26									0006	0059	0259	1080	24	
	27									0002	0028	0154	0960	23	
	28									0001	0013	0084	0788	22	
	29										0005	0043	0598	21	
	30										0002	0020	0419	20	
	31										0001	0009	0270	19	
	32											0003	0160	18	
	33											0001	0087	17	
	34												0044	16	
	35												0020	15	
	36												0008	14	
	37												0003	13	
	38												0001	12	
	39													11	
	40													10	
	41													9	
	42													8	
	43													7	
	44													6	
	45													5	
	46													4	
	47													3	
	48													2	
	49													1	
	50													0	
n		0,98	0,97	0,96	0,95	0,90	5/6	0,80	3/4	0,70	2/3	0,60	1/2	k	n

p (top scale: 0,02 … 1/2; bottom scale: 0,98 … 1/2)

Tabelle 2 Binomialverteilung

Summenfunktion

Aus Platzgründen sind nur die ersten vier Nachkommastellen angegeben. Der Ziffernfolge 0904 entspricht beispielsweise die Wahrscheinlichkeit 0,0904.
Alle nicht aufgeführten Werte sind auf 4 Dezimalen 1,0000.

Beispiel 1

Die Zufallsgröße X sei binomial verteilt mit $n = 10$ und $p = 0{,}3$.
(Tabelle Seite 164 von oben nach unten und von links nach rechts lesen, da $p = 0{,}3 \leq 0{,}5$.)

$$P(X \leq 4) = 0{,}8497$$

$$P(X > 4) = 1 - P(X \leq 4) = 1 - 0{,}8497 = 0{,}1503$$

$$P(1 \leq X \leq 4) = P(X \leq 4) - P(X \leq 0) = 0{,}8497 - 0{,}0282 = 0{,}8215$$

$$P(1 < X \leq 4) = P(X \leq 4) - P(X \leq 1) = 0{,}8497 - 0{,}1493 = 0{,}7004$$

$$P(X = 4) = P(X \leq 4) - P(X \leq 3) = 0{,}8497 - 0{,}6496 = 0{,}2001$$

Für $p > 0{,}5$ ist der schattiert gedruckte Eingang zu verwenden d.h. die entsprechende Tabelle ist von unten nach oben und von rechts nach links zu lesen und es gilt:

$$P(X \leq k) = 1 - \text{Tabellenwert}.$$

Erklärung:
„Höchstens k Treffer" ist gleichbedeutend mit „Mindestens $n - k$ Nieten".
Das Gegenereignis dazu ist „Höchstens $n - k - 1$ Nieten".
Diesen Wert findet man letztlich in der Tabelle.
Allgemein: $P(T \leq k) = P(N \geq n - k) = 1 - P(N \leq n - k - 1)$.

Beispiel 3

Die Zufallsgröße X sei binomial verteilt mit $n = 10$ und $p = 0{,}6$.
(Tabelle Seite 164 von unten nach oben und von rechts nach links lesen, da $p = 0{,}6 > 0{,}5$.)

$$P(X \leq 4) = 1 - 0{,}8338 = 0{,}1662$$

$$P(X \geq 4) = 1 - P(X \leq 3) = 1 - (1 - 0{,}9452) = 0{,}9452$$

$$P(1 \leq X < 4) = P(X \leq 3) - P(X \leq 0) = (1 - 0{,}9452) - (1 - 0{,}9999) = 0{,}0547$$

$$P(1 < X < 4) = P(X \leq 3) - P(X \leq 1) = (1 - 0{,}9452) - (1 - 0{,}9983) = 0{,}0531$$

$$P(X = 4) = P(X \leq 4) - P(X \leq 3) = (1 - 0{,}8338) - (1 - 0{,}9452) = 0{,}1114$$

$$P(X \le k) = \sum_{i=0}^{k} \binom{n}{i} \cdot p^i \cdot (1-p)^{n-i}$$

TABELLE 2

n	k	0,02	0,03	0,04	0,05	0,10	1/6	0,20	1/4	0,30	1/3	0,40	1/2		n
2	0	9409	9409	9216	9025	8100	6944	6400	5625	4900	4444	3600	2500	1	**2**
	1	9991	9991	9984	9975	9900	9722	9600	9375	9100	8889	8400	7500	0	
3	0	9412	9127	8847	8574	7290	5787	5120	4219	3430	2963	2160	1250	2	**3**
	1	9988	9974	9953	9928	9720	9259	8960	8438	7840	7407	6480	5000	1	
	2			9999	9999	9990	9954	9920	9844	9730	9630	9360	8750	0	
4	0	9924	8853	8493	8145	6561	4823	4096	3164	2401	1975	1296	0625	3	**4**
	1	9977	9948	9909	9860	9477	8681	8192	7383	6517	5926	4752	3125	2	
	2		9999	9998	9995	9963	9838	9728	9492	9163	8889	8208	6875	1	
	3					9999	9992	9984	9961	9919	9877	9744	9375	0	
5	0	9039	8587	8154	7738	5905	4019	3277	2373	1681	1317	0778	0313	4	**5**
	1	9962	9915	9852	9774	9185	8038	7373	6328	5282	4609	3370	1875	3	
	2	9999	9997	9994	9988	9914	9645	9421	8965	8369	7901	6826	5000	2	
	3					9995	9967	9933	9844	9692	9547	9130	8125	1	
	4						9999	9997	9990	9976	9959	9898	9688	0	
6	0	8858	8330	7828	7351	5314	3349	2621	1780	1176	0878	0467	0156	5	**6**
	1	9943	9875	9784	9672	8857	7368	6554	5340	4202	3512	2333	1094	4	
	2	9998	9995	9988	9978	9842	9377	9011	8306	7443	6804	5443	3438	3	
	3				9999	9987	9913	9830	9624	9295	8999	8208	6563	2	
	4					9999	9993	9984	9954	9891	9822	9590	8906	1	
	5							9999	9998	9993	9986	9959	9844	0	
7	0	8681	8080	7514	6983	4783	2791	2097	1335	0824	0585	0280	0078	6	**7**
	1	9921	9829	9706	9556	8503	6698	5767	4450	3294	2634	1586	0625	5	
	2	9997	9991	9980	9962	9743	9042	8520	7565	6471	5706	4199	2266	4	
	3			9999	9998	9973	9824	9667	9295	8740	8267	7102	5000	3	
	4					9998	9980	9953	9872	9712	9547	9037	7734	2	
	5						9999	9996	9987	9962	9931	9812	9375	1	
	6									9998	9995	9984	9922	0	
8	0	8508	7837	7214	6634	4305	2326	1678	1001	0576	0390	0168	0039	7	**8**
	1	9897	9777	9619	9428	8131	6047	5033	3671	2553	1951	1064	0352	6	
	2	9996	9987	9969	9942	9619	8652	7969	6786	5518	4682	3154	1445	5	
	3		9999	9998	9996	9950	9693	9437	8862	8059	7414	5941	3633	4	
	4					9996	9954	9896	9727	9420	9121	8263	6367	3	
	5						9996	9988	9958	9887	9803	9502	8555	2	
	6							9999	9996	9987	9974	9915	9648	1	
	7									9999	9998	9993	9961	0	
9	0	8337	7602	6925	6302	3874	1938	1342	0751	0404	0260	0101	0020	8	**9**
	1	9869	9718	9222	9288	7748	5427	4362	3004	1960	1431	0705	0195	7	
	2	9994	9980	9955	9916	9470	8217	7382	6007	4628	3772	2318	0898	6	
	3		9999	9997	9994	9917	9520	9144	8343	7297	6503	4826	2539	5	
	4					9991	9911	9804	9511	9012	8552	7334	5000	4	
	5					9999	9989	9969	9900	9747	9576	9006	7461	3	
	6						9999	9997	9987	9957	9917	9750	9102	2	
	7								9999	9996	9990	9962	9805	1	
	8										9999	9997	9980	0	
n		0,98	0,97	0,96	0,95	0,90	5/6	0,80	3/4	0,70	2/3	0,60	1/2	k	n

Tabelle 2

$$P(X \le k) = \sum_{i=0}^{k} \binom{n}{i} \cdot p^i \cdot (1-p)^{n-i}$$

n	k	0,02	0,03	0,04	0,05	0,10	1/6	0,20	1/4	0,30	1/3	0,40	1/2		n
	0	8171	7374	6648	5987	3487	1615	1074	0563	0282	0173	0060	0010	9	
	1	9838	9655	9418	9139	7361	4845	3758	2440	1493	1040	0464	0107	8	
	2	0991	9972	9938	9885	9298	7752	6778	5256	3828	2991	1673	0547	7	
	3		9999	9996	9990	9872	9303	8791	7759	6496	5593	3823	1719	6	
10	4				9999	9984	9845	9672	9219	8497	7869	6331	3770	5	**10**
	5					9999	9976	9936	9803	9527	9234	8338	6230	4	
	6						9997	9991	9965	9894	9803	9452	8281	3	
	7							9999	9996	9984	9966	9877	9453	2	
	8									9999	9996	9983	9893	1	
	9											9999	9990	0	
	0	8007	7153	6382	5688	3138	1346	0859	0422	0198	0116	0036	0005	10	
	1	9805	9587	9308	8981	6974	4307	3221	1971	1130	0751	0302	0059	9	
	2	9988	9963	9917	9848	9104	7268	6174	4552	3127	2341	1189	0327	8	
	3		9998	9993	9984	9815	9044	8389	7133	5696	4726	2963	1133	7	
	4				9999	9972	9755	9496	8854	7897	7110	5328	2744	6	
11	5					9997	9954	9883	9657	9218	8779	7535	5000	5	**11**
	6						9994	9980	9925	9784	9614	9006	7256	4	
	7						9999	9998	9989	9957	9912	9707	8867	3	
	8									9994	9986	9941	9673	2	
	9										9999	9993	9941	1	
	10												9995	0	
	0	7847	6938	6127	5404	2824	1122	0687	0317	0138	0077	0022	0002	11	
	1	9769	9514	9191	8816	6590	3813	2749	1584	0850	0540	0196	0032	10	
	2	9985	9952	9893	9804	8891	6774	5583	3907	2528	1811	0834	0193	9	
	3	9999	9997	9990	9978	9744	8748	7946	6488	4925	3931	2253	0730	8	
	4			9999	9998	9957	9637	9274	8424	7237	6315	4382	1938	7	
12	5					9995	9921	9806	9456	8822	8223	6652	3872	6	**12**
	6						9987	9961	9857	9614	9336	8418	6128	5	
	7						9998	9994	9972	9905	9812	9427	8062	4	
	8							9999	9996	9983	9961	9847	9270	3	
	9									9998	9995	9972	9807	2	
	10											9997	9968	1	
	11												9998	0	
	0	7690	6730	5882	5133	2542	0935	0550	0238	0097	0051	0013	0001	12	
	1	9730	9436	9068	8646	6213	3365	2336	1267	0637	0385	0126	0017	11	
	2	9980	9938	9865	9755	8661	6281	5017	3326	2025	1387	0579	0112	10	
	3	9999	9995	9986	9969	9658	8419	7473	5843	4206	3224	1686	0461	9	
	4			9999	9997	9935	9488	9009	7940	6543	5520	3530	1334	8	
	5					9991	9873	9700	9198	8346	7587	5744	2905	7	
13	6					9999	9976	9930	9757	9376	8965	7712	5000	6	**13**
	7						9997	9988	9943	9818	9653	9023	7095	5	
	8							9998	9990	9960	9912	9679	8666	4	
	9								9999	9993	9984	9922	9539	3	
	10									9999	9998	9987	9888	2	
	11											9999	9983	1	
	12												9999	0	
n		0,98	0,97	0,96	0,95	0,90	5/6	0,80	3/4	0,70	2/3	0,60	1/2	k	n

$$P(X \le k) = \sum_{i=0}^{k} \binom{n}{i} \cdot p^i \cdot (1-p)^{n-i}$$

TABELLE 2

		p													
n	***k***	**0,02**	**0,03**	**0,04**	**0,05**	**0,10**	**1/6**	**0,20**	**1/4**	**0,30**	**1/3**	**0,40**	**1/2**		***n***
14	0	7536	6528	5647	4877	2288	0779	0440	0178	0068	0034	0008	0001	13	**14**
	1	9690	9355	8941	8470	5846	2960	1979	1010	0475	0274	0081	0009	12	
	2	9975	9923	9833	9699	8416	5795	4481	2812	1608	1053	0398	0065	11	
	3	9999	9994	9981	9958	9559	8063	6982	5214	3552	2612	1243	0287	10	
	4			9998	9996	9908	9310	8702	7416	5842	4755	2793	0898	9	
	5					9985	9809	9561	8884	7805	6898	4859	2120	8	
	6					9998	9959	9884	9618	9067	8505	6925	3953	7	
	7						9993	9976	9898	9685	9424	8499	6047	6	
	8						9999	9996	9980	9917	9826	9417	7880	5	
	9								9998	9983	9960	9825	9102	4	
	10									9998	9993	9961	9713	3	
	11										9999	9994	9935	2	
	12											9999	9991	1	
	13												9999	0	
15	0	7386	6333	5421	4633	2059	0649	0352	0134	0047	0023	0005	0000	14	**15**
	1	9647	9270	8809	8290	5490	2596	1671	0802	0353	0194	0052	0005	13	
	2	9970	9906	9797	9638	8159	5322	3980	2361	1268	0794	0271	0037	12	
	3	9998	9992	9976	9945	9444	7685	6482	4613	2969	2092	0905	0176	11	
	4		9999	9998	9994	9873	9102	8358	6865	5155	4041	2173	0592	10	
	5				9999	9978	9726	9389	8516	7216	6184	4032	1509	9	
	6					9997	9934	9819	9433	8689	7970	6098	3036	8	
	7						9987	9958	9826	9500	9118	7869	5000	7	
	8						9998	9992	9957	9848	9692	9050	6964	6	
	9							9999	9991	9963	9915	9662	8491	5	
	10								9998	9993	9982	9907	9408	4	
	11								9999	9999	9997	9981	9824	3	
	12											9997	9963	2	
	13												9995	1	
	14													0	
16	0	7238	6143	5204	4401	1853	0541	0281	0100	0033	0015	0003	0000	15	**16**
	1	9601	9182	8673	8108	5147	2272	1407	0635	0261	0137	0033	0003	14	
	2	9963	9887	9758	9571	7892	4868	3518	1971	0994	0594	0183	0021	13	
	3	9998	9989	9968	9930	9316	7291	5981	4050	2459	1659	0651	0106	12	
	4		9999	9997	9991	9830	8866	7982	6302	4499	3391	1666	0384	11	
	5				9999	9967	9622	9183	8104	6598	5469	3288	1051	10	
	6					9995	9899	9733	9205	8247	7374	5272	2272	9	
	7					9999	9979	9930	9729	9256	8735	7161	4018	8	
	8						9996	9985	9926	9743	9500	8577	5982	7	
	9							9998	9984	9929	9841	9417	7728	6	
	10								9998	9984	9960	9809	8949	5	
	11									9997	9992	9951	9616	4	
	12										9999	9991	9894	3	
	13											9999	9979	2	
	14												9997	1	
	15													0	
n		**0,98**	**0,97**	**0,96**	**0,95**	**0,90**	**5/6**	**0,80**	**3/4**	**0,70**	**2/3**	**0,60**	**1/2**	***k***	***n***

TABELLE 2

$$P(X \le k) = \sum_{i=0}^{k} \binom{n}{i} \cdot p^i \cdot (1-p)^{n-i}$$

n	k	p = 0,02	0,03	0,04	0,05	0,10	1/6	0,20	1/4	0,30	1/3	0,40	1/2	k	n
	0	7093	5958	4996	4181	1668	0451	0225	0075	0023	0010	0002	0000	16	
	1	9554	9091	8535	7922	4818	1983	1182	0501	0193	0096	0021	0001	15	
	2	9956	9866	9714	9497	7618	4435	3096	1637	0774	0442	0123	0012	14	
	3	9997	9986	9960	9912	9174	6887	5489	3530	2019	1304	0464	0064	13	
	4		9999	9996	9988	9779	8604	7582	5739	3887	2814	1260	0245	12	
	5				9999	9953	9496	8943	7653	5968	4777	2639	0717	11	
	6					9992	9853	9623	8929	7752	6739	4478	1662	10	
	7					9999	9965	9891	9597	8954	8281	6405	3145	9	
17	8						9993	9974	9876	9597	9245	8011	5000	8	**17**
	9						9999	9995	9969	9873	9727	9081	6855	7	
	10							9999	9994	9968	9920	9652	8338	6	
	11								9999	9993	9981	9894	9283	5	
	12									9999	9997	9975	9755	4	
	13											9995	9936	3	
	14											9999	9988	2	
	15												9999	1	
	16													0	
	0	6951	5780	4796	3972	1501	0376	0180	0056	0016	0007	0001	0000	17	
	1	9505	8997	8393	7735	4503	1728	0991	0339	0142	0068	0013	0001	16	
	2	9948	9843	9667	9419	7338	4027	2713	1352	0600	0326	0082	0007	15	
	3	9996	9982	9950	9891	9018	6479	5010	3056	1646	1017	0328	0038	14	
	4		9999	9994	9985	9718	8318	7164	5186	3327	2311	0942	0154	13	
	5				9998	9936	9347	8671	7174	5344	4122	2088	0481	12	
	6					9988	9794	9487	8610	7217	6085	3743	1189	11	
	7					9998	9947	9837	9430	8593	7767	5634	2403	10	
18	8						9989	9957	9806	9404	8924	7368	4073	9	**18**
	9						9998	9991	9945	9790	9567	8653	5927	8	
	10							9998	9987	9939	9856	9424	7597	7	
	11								9997	9986	9961	9797	8811	6	
	12								9999	9997	9991	9943	9519	5	
	13										9999	9987	9846	4	
	14											9998	9962	3	
	15												9993	2	
	16												9999	1	
	17													0	
	0	6812	5606	4604	3774	1351	0313	0144	0042	0011	0005	0001	0000	18	
	1	9454	8900	8249	7547	4203	1502	0829	0310	0104	0047	0008	0000	17	
	2	9939	9817	9616	9335	7054	3643	2369	1113	0462	0240	0055	0004	16	
	3	9995	9978	9939	9868	8850	6070	4551	2630	1332	0787	0230	0022	15	
	4		9998	9993	9980	9648	8011	6733	4653	2822	1879	0696	0096	14	
	5			9999	9998	9914	9176	8369	6676	4739	3519	1629	0318	13	
	6					9983	9719	9324	8250	6655	5431	3081	0835	12	
	7					9997	9921	9767	9224	8180	7207	4878	1796	11	
	8						9982	9933	9711	9161	8538	6675	3238	10	
19	9						9996	9984	9909	9674	9352	8139	5000	9	**19**
	10						9999	9997	9975	9895	9759	9115	6762	8	
	11								9993	9972	9926	9648	8204	7	
	12								9997	9994	9981	9884	9165	6	
	13								9998	9999	9996	9969	9682	5	
	14										9999	9994	9904	4	
	15											9999	9978	3	
	16												9996	2	
	17													1	
	18													0	
n		0,98	0,97	0,96	0,95	0,90	5/6	0,80	3/4	0,70	2/3	0,60	1/2	k	n

$$P(X \le k) = \sum_{i=0}^{k} \binom{n}{i} \cdot p^i \cdot (1-p)^{n-i}$$

TABELLE 2

		p													
n	**k**	**0,02**	**0,03**	**0,04**	**0,05**	**0,10**	**1/6**	**0,20**	**1/4**	**0,30**	**1/3**	**0,40**	**1/2**		**n**
20	0	6676	5438	4420	3585	1216	0261	0115	0032	0008	0003	0000	0000	19	**20**
	1	9401	8802	8103	7358	3917	1304	0692	0243	0076	0033	0005	0000	18	
	2	9929	9790	9561	9245	6769	3287	2061	0912	0355	0176	0036	0002	17	
	3	9994	9973	9926	9841	8670	5665	4114	2251	1071	0604	0160	0013	16	
	4		9997	9990	9974	9568	7687	6296	4148	2375	1515	0510	0059	15	
	5			9999	9997	9887	8982	8042	6107	4164	2972	1256	0207	14	
	6					9976	9629	9133	7857	6080	4793	2500	0577	13	
	7					9996	9887	9679	8981	7723	6615	4159	1316	12	
	8					9999	9972	9900	9590	8867	8095	5956	2517	11	
	9						9994	9974	9861	9520	9081	7553	4119	10	
	10						9999	9994	9960	9829	9624	8725	5881	9	
	11							9999	9990	9949	9870	9435	7483	8	
	12								9998	9987	9963	9790	8684	7	
	13									9997	9991	9935	9423	6	
	14										9998	9984	9793	5	
	15											9997	9941	4	
	16												9987	3	
	17												9998	2	
	18													1	
	19													0	
25	0	6035	4670	3603	2774	0718	0105	0038	0008	0001	0000	0000	0000	24	**25**
	1	9114	8281	7353	6424	2712	0629	0274	0070	0016	0005	0001	0000	23	
	2	9868	9621	9234	8729	5371	1885	0982	0321	0090	0035	0004	0000	22	
	3	9986	9939	9834	9659	7636	3814	2340	0962	0332	0149	0024	0001	21	
	4	9999	9993	9971	9928	9020	5936	4207	2137	0905	0462	0095	0005	20	
	5		9999	9995	9988	9666	7718	6167	3783	1935	1120	0294	0020	19	
	6			9998	9998	9905	8906	7800	5611	3407	2216	0736	0073	18	
	7					9977	9551	8909	7265	5118	3703	1536	0216	17	
	8					9995	9841	9532	8506	6769	5376	2735	0539	16	
	9					9999	9951	9827	9287	8106	6956	4246	1148	15	
	10						9985	9944	9703	9022	8220	5858	2122	14	
	11						9996	9985	9893	9558	9082	7323	3450	13	
	12						9998	9996	9966	9825	9585	8462	5000	12	
	13							9999	9991	9940	9836	9222	6550	11	
	14								9998	9982	9944	9656	7878	10	
	15									9995	9984	9868	8852	9	
	16									9999	9996	9957	9461	8	
	17										9999	9988	9784	7	
	18											9997	9927	6	
	19											9999	9980	5	
	20												9995	4	
	21												9999	3	
	22													2	
	23													1	
	24													0	
n		**0,98**	**0,97**	**0,96**	**0,95**	**0,90**	**5/6**	**0,80**	**3/4**	**0,70**	**2/3**	**0,60**	**1/2**	***k***	**n**

TABELLE 2

$$P(X \le k) = \sum_{i=0}^{k} \binom{n}{i} \cdot p^i \cdot (1-p)^{n-i}$$

n	k	0,02	0,03	0,04	0,05	0,10	1/6	0,20	1/4	0,30	1/3	0,40	1/2		n
	0	3642	2181	1299	0769	0052	0001	0000	0000	0000	0000	0000	0000	49	
	1	7358	5553	4005	2794	0338	0012	0002	0000	0000	0000	0000	0000	48	
	2	9216	8108	6767	5405	1117	0066	0013	0001	0000	0000	0000	0000	47	
	3	9822	9372	8609	7604	2503	0238	0057	0005	0000	0000	0000	0000	46	
	4	9968	9832	9510	8964	4312	0643	0185	0021	0002	0000	0000	0000	45	
	5	9995	9963	9856	9622	6161	1388	0480	0070	0007	0001	0000	0000	44	
	6	9999	9993	9964	9882	7702	2506	1034	0193	0025	0005	0000	0000	43	
	7		9999	9992	9968	8779	3911	1904	0452	0073	0017	0000	0000	42	
	8			9999	9992	9421	5421	3073	0915	0183	0050	0002	0000	41	
	9				9998	9755	6830	4437	1636	0402	0127	0008	0000	40	
	10					9906	7986	5836	2621	0789	0284	0022	0000	39	
	11					9968	8827	7107	3815	1390	0570	0057	0000	38	
	12					9990	9373	8139	5109	2229	1035	0133	0002	37	
	13					9997	9693	8894	6370	3279	1715	0280	0005	36	
	14					9999	9862	9393	7480	4468	2612	0540	0013	35	
	15						9943	9692	8368	5692	3690	0965	0033	34	
	16						9978	9856	9016	6839	4868	1561	0077	33	
	17						9992	9937	9448	7822	6046	2369	0164	32	
	18						9998	9975	9712	8594	7126	3356	0325	31	
50	19						9999	9991	9860	9152	8036	4465	0595	30	**50**
	20							9997	9937	9522	8741	5610	1013	29	
	21							9999	9973	9749	9244	6701	1611	28	
	22								9989	9877	9576	7660	2399	27	
	23								9995	9944	9778	8438	3359	26	
	24								9997	9976	9892	9022	4439	25	
	25									9991	9951	9427	5561	24	
	26									9997	9979	9686	6641	23	
	27									9998	9992	9840	7601	22	
	28										9997	9924	8389	21	
	29										9999	9960	8987	20	
	30											9986	9405	19	
	31											9995	9675	18	
	32											9998	9836	17	
	33											9999	9923	16	
	34												9967	15	
	35												9987	14	
	36												9995	13	
	37												9998	12	
n		0,98	0,97	0,96	0,95	0,90	5/6	0,80	3/4	0,70	2/3	0,60	1/2	k	n

$$P(X \le k) = \sum_{i=0}^{k} \binom{n}{i} \cdot p^i \cdot (1-p)^{n-i}$$

TABELLE 2

n	k	0,02	0,03	0,04	0,05	0,10	1/6	0,20	1/4	0,30	1/3	0,40	1/2		n
	0	1326	0476	0169	0059	0000	0000	0000	0000	0000	0000	0000	0000	99	
	1	4033	1946	0872	0371	0003	0000	0000	0000	0000	0000	0000	0000	98	
	2	6767	4198	2321	1183	0019	0000	0000	0000	0000	0000	0000	0000	97	
	3	8590	6472	4295	2578	0078	0000	0000	0000	0000	0000	0000	0000	96	
	4	9492	8179	6289	4360	0237	0001	0000	0000	0000	0000	0000	0000	95	
	5	9845	9192	7884	6160	0576	0004	0000	0000	0000	0000	0000	0000	94	
	6	9959	9688	8936	7660	1172	0013	0001	0000	0000	0000	0000	0000	92	
	7	9991	9894	9525	8720	2061	0038	0003	0000	0000	0000	0000	0000	92	
	8	9998	9968	9810	9369	3209	0095	0009	0000	0000	0000	0000	0000	91	
	9		9991	9932	9718	4513	0213	0023	0000	0000	0000	0000	0000	90	
	10		9998	9978	9885	5832	0427	0057	0001	0000	0000	0000	0000	89	
	11			9993	9957	7030	0777	0126	0004	0000	0000	0000	0000	88	
	12			9998	9985	8018	1297	0253	0010	0000	0000	0000	0000	87	
	13				9995	8761	2000	0469	0024	0001	0000	0000	0000	86	
	14				9999	9274	2874	0804	0054	0002	0000	0000	0000	85	
	15					9601	3877	1285	0111	0004	0000	0000	0000	84	
	16					9794	4942	1923	0211	0010	0001	0000	0000	83	
	17					9900	5994	2712	0376	0022	0002	0000	0000	82	
	18					9954	6965	3621	0630	0045	0005	0000	0000	81	
	19					9980	7803	4602	0995	0089	0011	0000	0000	80	
	20					9992	8481	5595	1488	0165	0024	0000	0000	79	
	21					9997	8998	6540	2114	0288	0048	0000	0000	78	
	22					9999	9370	7389	2863	0479	0091	0001	0000	77	
	23						9621	8109	3710	0755	0164	0003	0000	76	
	24						9783	8686	4616	1136	0281	0006	0000	75	
	25						9881	9125	5534	1631	0458	0012	0000	74	
	26						9938	9442	6417	2244	0715	0024	0000	73	
	27						9969	9658	7223	2964	1066	0046	0000	72	
	28						9985	9800	7924	3768	1524	0084	0000	71	
	29						9993	9888	8504	4623	2093	0148	0000	70	
	30						9997	9939	8962	5491	2766	0248	0000	69	
	31						9999	9969	9306	6331	3525	0398	0001	68	
	32							9985	9554	7107	4344	0615	0002	67	
	33							9993	9724	7793	5188	0913	0004	66	
100	34							9997	9836	8371	6019	1303	0009	65	**100**
	35							9999	9906	8839	6803	1795	0018	64	
	36							9999	9948	9201	7511	2386	0033	63	
	37								9972	9470	8123	3068	0060	62	
	38								9985	9660	8630	3822	0105	61	
	39								9992	9790	9034	4621	0176	60	
	40								9996	9875	9341	5433	0284	59	
	41								9998	9928	9566	6225	0443	58	
	42								9999	9960	9724	6967	0666	57	
	43									9979	9831	7635	0967	56	
	44									9989	9900	8211	1356	55	
	45									9995	9943	8689	1841	54	
	46									9997	9969	9070	2421	53	
	47									9999	9983	9362	3087	52	
	48									9999	9991	9577	3822	51	
	49										9996	9729	4602	50	
	50										9998	9832	5398	49	
	51										9999	9900	6178	48	
	52											9942	6914	47	
	53											9968	7579	46	
	54											9983	8159	45	
	55											9991	8644	44	
	56											9996	9033	43	
	57											9998	9334	42	
	58											9999	9557	41	
	59												9716	40	
	60												9824	39	
	61												9895	38	
	62												9940	37	
	63												9967	36	
	64												9982	35	
	65												9991	34	
	66												9996	33	
	67												9998	32	
	68												9999	31	
n		0,98	0,97	0,96	0,95	0,90	5/6	0,80	3/4	0,70	2/3	0,60	1/2	k	n

Tabelle 3 : Fakultäten

n	$n!$
1	1
2	2
3	6
4	24
5	120
6	720
7	5 040
8	40 320
9	362 880
10	3 628 800
11	39 916 800
12	479 001 600
13	6 227 020 800
14	87 178 291 200
15	1 307 674 368 000
16	20 922 789 888 000
17	355 687 428 096 000
18	6 402 373 705 728 000
19	121 645 100 408 832 000
20	2 432 902 008 176 640 000

Tabelle 4: Binomialkoeffizienten

n \ k	0	1	2	3	4	5	6	7	8	9	10	11	12
1	1	1											
2	1	2	1										
3	1	3	3	1									
4	1	4	6	4	1								
5	1	5	10	10	5	1							
6	1	6	15	20	15	6	1						
7	1	7	21	35	35	21	7	1					
8	1	8	28	56	70	56	28	8	1				
9	1	9	36	84	126	126	84	36	9	1			
10	1	10	45	120	210	252	210	120	45	10	1		
11	1	11	55	165	330	462	462	330	165	55	11	1	
12	1	12	66	220	495	792	924	792	495	220	66	12	1
13	1	13	78	286	715	1 287	1 716	1 716	1 287	715	286	78	13
14	1	14	91	364	1 001	2 002	3 003	3 432	3 003	2 002	1 001	364	91
15	1	15	105	455	1 365	3 003	5 005	6 435	6 435	5 005	3 003	1 365	455
16	1	16	120	560	1 820	4 368	8 008	11 440	12 870	11 440	8 008	4 368	1 820
17	1	17	136	680	2 380	6 188	12 376	19 448	24 310	24 310	19 448	12 376	6 188
18	1	18	153	816	3 060	8 568	18 564	31 824	43 758	48 620	43 758	31 824	18 561
19	1	19	171	969	3 876	11 628	27 132	50 388	75 582	92 378	92 378	75 582	50 388
20	1	20	190	1 140	4 845	15 504	38 760	77 520	125 970	167 960	184 756	167 960	125 970
21	1	21	210	1 330	5 985	20 349	54 264	116 280	203 490	293 930	352 716	352 716	293 930
22	1	22	231	1 540	7 315	26 334	74 613	170 544	319 770	497 420	646 646	705 432	646 646
23	1	23	253	1 771	8 885	33 649	100 947	245 157	490 314	817 190	1 144 66	1 352 078	1 352 078
24	1	24	276	2 024	10 626	42 504	134 596	346 104	735 471	1307 504	1 961 256	2 496 144	2 704 156
25	1	25	300	2 300	1 2650	5 3130	177 100	480 700	1 081 575	2 042 975	3 268 760	4 457 400	5 200 300

Hinweis: Es gilt $\binom{n}{k} = \binom{n}{n-k}$

Beispiele: $\binom{14}{3} = 364$; $\binom{17}{15} = \binom{17}{2} = 136$

Stichwortverzeichnis

σ 121

℘(Ω) 9

μ 114

2-Tupel 6

Ω 2

ω 2

A

absolute Häufigkeit 21

Additionsregel 31

– für Pfade 73

allgemeines Zählprinzip 49

Axiom 25

Axiomensystem von Kolmogorow 26

B

Balkendiagramm 112

Baum 6

Baumdiagramm 6

bedingte Wahrscheinlichkeit 68

Bernoulli-Experiment 89

Bernoulli-Kette 90

Binomialkoeffizient 58

Binomialverteilung 93, 127

D

de Morgan

– Regeln von 18

disjunkt 16

E

Eigenschaften des Wahrscheinlichkeitsmaßes 32

Elementanzahl 2

Elementarereignis 9

Elementarereignisregel 32

empirisches Gesetz der Großen Zahlen 23

Ereignis 9

– sicheres 10

– unmögliches 10

Ereignismenge 9

Ereignissprache 14

Ergebnismenge 2

Erwartungswert 114, 135

Erwartungswert Eigenschaften des 119

Experiment 1

– deterministisches 2

F

Fußball-Toto 51

G

Gauß'sche Glockenkurve 145

Gaußfunktion 145

Gaußkurve 145

Gegenereignis 14

Gegenereignisregel 28

Gesetz der Großen Zahlen 23

– schwaches 139

Glockenkurve 144

Grenzwertsatz 145

H

Häufigkeit

– absolute 21

– relative 21, 22

Histogramm 112

K

Kettenlänge 90

– Berechnung der 98

k-Menge beim Lottomodell

– Anzahl der 60

Kolmogorow 25, 48

– Axiomensystem von 26

Komplementärereignis 14

k-Permutation 55

k-Teilmenge

– Anzahl der 58

k-Tupel 52

kumulative Verteilungsfunktion 130

L

Laplace 42
Laplace-Bedingung 147
Laplace-Experiment 41
Laplace-Formel 43
Laplace-Wahrscheinlichkeit
– kombinatorische Berechnung 64
LE 41
Lottomodell 60

M

Mächtigkeit 2
mehrstufiges Zufallsexperiment 7
Mengensprache 14
Multiplikationsregel für Pfade 73

N

Niete 89
Nietenwahrscheinlichkeit 89

O

ODER-Ereignis 13

P

Paar 6
Parameter 90
Permutation 53
Pfad 7
Pferde-Toto 55
Produktmenge 6
Produktsatz 72
– spezieller 80

R

relative Häufigkeit 21, 22

S

schwaches Gesetz der großen Zahlen 139
sicheres Ereignis 10
spezieller Produktsatz 80
Stabdiagramm 112
Standardabweichung 121, 135
– Eigenschaften der 124
Standardisierung 144
Startaufstellungen 53
stochastische Unabhängigkeit 79
Streuung 121
Summenfunktion 130
Summenwahrscheinlichkeit 101

T

Tafelwerk 94, 103
– Verwendung eines 94, 103
Teilmenge 9
Treffer 89
Trefferwahrscheinlichkeit 89
– Berechnung der 97
Tripel 7

U

Unabhängigkeit 79
–Vererbung auf die Gegenereignisse 82
UND-Ereignis 13
unmögliche Ereignis
–Wahrscheinlichkeit des 29
unmögliches Ereignis 10
unvereinbar 19
Unvereinbarkeit 19
Urne 3
Urnenaufgabe 52
Urnenmodell 51

V

Var 121
Varianz 121
– Eigenschaften der 124
– Verschiebungsformel für die 123
Venn-Diagramm 13
Versuch 1
Verteilungsfunktion
– kumulative 130
Verzweigungsregel für Pfade 73
Vierfeldertafel 16, 34 ff

W

Wahrscheinlichkeit
– bedingte 68
– bei Bernoulli-Kette 93
Wahrscheinlichkeitsmaß 26
– Eigenschaften des 32
Wahrscheinlichkeitsverteilung 37
W-Maß 26

Z

Zahlenlotto 57
Zählprinzip
– allgemeines 49
Zerlegungsregel 18, 30
Zufallsexperiment 2
– mehrstufiges 7
– zweistufiges 6
Zufallsgröße 108
– Erwartungswert einer 114
– Wahrscheinlichkeitsverteilung einer 111
– Zufallswert der 108
Zufallswert 108
zweistufiges Zufallsexperiment 6